U0004607

看懂一本通

Tasha 著

國立臺北科技大學車輛工程系
黃秀英 系主任 審訂

# 寶貝車寶貝

你的車就是這樣養壞的！
101個必懂的養車知識！

晨星出版

# [ **序** ]

**車，是方便的代步工具，也是有著獨特工藝之美的藝術品。**

　　您有車嗎？那您懂車嗎？外國人喜歡用女生的「她」來稱呼自己的愛車，很貼切地表現出車子溫順卻偶爾會鬧點小脾氣的特性。我們從各種跟車子有關的基本知識中，篩選出101個實用的主題編寫成書，相信其中有很多是您可能聽過，但卻從來沒有特別注意過的，例如排氣量是什麼意思？五油三水又是什麼？

　　製作這本書，也讓熊編勾起許多小時候的回憶。還記得家中的第一輛車是老裕隆，冬天時都要提早下樓幫老爸發車，國小時我就知道打空檔、拉起Q鈕，轉動鑰匙，然後等車子「噗隆隆隆隆」到發動為止。後來家裡的第二輛車是紅色福斯Jetta，A1還是A2已經忘了，只記得後車窗貼有大大的VOLKSWAGEN，所以我人生學會的第一句外文就是德文。老爸很愛這輛車，絕不到加油站用自動洗車機清洗，一定要親自手洗打蠟才安心，當然洗車的過程我也沒有缺席，總是跟在一旁當小助手，也因此這輛車充滿了我們父子間共同的回憶。這輛車有一次在高速公路上被一輛八噸半親到車屁股，想不到後車燈都破了，鈑金卻連一點凹痕都沒有，從此我的腦海中就有了安全首選德國車的既定印象。

　　到了現在自己有駕照之後，賞車與開車逐漸成為我的愛好，也因此跟租車公司的關係不錯，因為可以開到各種不同的車款，有時還會有當年度的新車可以開。近幾年，也逐漸開始注意起每輛車的安全配備與最新科技。某次經由朋友的介紹，有幸摸到科技感十足的BMW i3與i8，但是印象最深刻的還是看到Tesla幾乎將車上所有的按鍵與旋鈕全部整合到中控面板，除了導航與音響，面板還可以操控冷氣系統、自動停車系統等功能。不久前接觸到VOLVO的XC40和XC90，也

發現冷氣旋鈕被拿掉了，一併整合進車內的中控面板中，可以想見的到，全觸控與聲控式的自動汽車科技，離我們確實不遠了。

本書的編輯過程中，最有趣的地方莫過於各個夥伴給予的回饋，大部分都不敢相信自己原來對愛車如此陌生，也確實有人以為車子後座的車門壞了，結果看了書才發現是兒童安全鎖沒有解除。因此，我們相信這本書一定也能給愛車的您做為參考，並加深您與愛車的牽絆，不再感慨「買車容易養車難」。若是在閱讀完本書後，您有任何的建議，或是有想更加深入了解的主題，甚至是勾起您難忘的回憶，都歡迎填寫於回函上跟我們分享。

本書的完成，除了感謝各個領域的同事陪熊編一起拚死線之外，當然不能忘了本書編寫者Tasha的辛苦，資料的蒐集整理與編寫全部一手包辦，而且她的用字用語非常年輕化，為本書增添不少青春氣息。還要特別感謝本書的審訂者，國立臺北科技大學車輛工程系，黃秀英系主任付出相當多的時間，給予本書各種實用的建議與幫助，大幅提升本書的品質與價值，希望這本書能真正幫助到每一位有需要的人。

最後要感謝閱讀本書的您，相信您一定也是愛車人，希望這本書能帶給您更多的樂趣與知識，若有幸能成為您最喜歡的一本書，甚至願意推薦給更多愛車人，那就是對我們最大的肯定了。

# CONTENTS

第**1**章 >>

# 基礎知識篇

# 車有五油是哪五油？

車有五油，您認識並數的出來嗎？

第一篇非常重要，每次開車上路時一定要記得檢查「五油三水」，能減少半路拋錨的機會。五油是哪五油呢？

1.汽油：您的油錶是否總在挑戰顧路邊緣呢？這樣的習慣，長久下來對車子的汽油泵是會造成傷害的（對荷包傷害更大）。如果加油燈不幸在窮鄉僻壤突然亮了，這時請別慌，加油燈若是剛亮，油箱一般都還有大約五公升左右的油量（每種車款不一樣，請參考車主手冊），若是沒注意到加油燈何時亮起，可以關窗（減低風阻）、穩定行駛（善用慣性滑行前進，不要猛踩煞車或加速）來降低油耗，爭取時間找到加油站。

2.引擎機油：引擎相當於愛車的心臟，心臟用油自然要時時留意定期更換囉！一般而言約五千公里更換一次。機油負責潤滑與降低引擎機件的溫度與損耗，千萬別為了省錢而放著不管，會因小失大的。油尺手柄通常塗有鮮艷的黃色，方便車主時常抽出檢查。

3.變速箱油：檢查用的紅色油尺通常已經被省略，為了保持換檔的順暢與變速箱的冷靜，變速箱油每六萬公里務必要定期檢查更換。

4.煞車油：千萬別覺得「煞車時失靈了啊啊啊！」是只有電影才會出現的狀況，每年或兩萬公里保養都一定要記得檢查更換。煞車油長時間吸入過多水氣會導致沸點降低變得卡卡，煞車力道就會降低甚至失靈。那平常如何檢查DIY呢？貼心的車廠在油壺上有刻示油量上下限，在兩條線中間就是正常的。

5.動力方向機油：這名稱乍看不太親切，他的作用是確保動力方向機跟泵浦的運作正常等等。簡而言之，這個部分只要出問題，方向盤就會不受控制，每五萬公里保養時請檢查更換。

沒意外的話，一定有很多人的問題都是「這些東西在哪裡啊？」每輛車的設計與配備多少有些差異，但是沒關係，每輛新車都會隨車附上一本聖經，就是「車主手冊」。如果車主手冊不見了，各車廠也有提供電子版本可供網路下載。

要讓愛車耐操好用，
一定要先了解引擎室。

油尺可以讓您確認機油
量是否充足。

# 三水？車也要喝水？

温馨提醒車上要常備一瓶蒸餾水，一定要蒸餾水！

常備蒸餾水「是為了長途開車補充水分嗎？」沒錯，不過是給您的愛車喝的。接著我們來介紹三水是哪三水。

1.引擎冷卻水（水箱水）：引擎冷卻水箱的位置不難找，只要打開引擎蓋，尋找左後方一個標示「高溫危險」的水箱，就滿有機會找到了（還是要以車主手冊為依據）。水箱水有冷卻引擎、防鏽、潤滑等功能，通常每四萬公里就需要進行更換，若平常想自行檢查存量請務必遵守一件事──先冷車！冷車！冷車！（因為很重要所以要說三次）。引擎運作時，水箱裡的溫度會吸熱上升，將冷卻水化為水蒸氣，充滿速度與激情，此時若貿然打開水箱蓋就會看到灼熱的噴泉噴出。當水位過低要補水時切記，愛車水箱只能喝蒸餾水，帶有雜質、礦物質的自來水等等會造成水路不流暢而影響散熱。

2.雨刷水：標準配方是自來水加雨刷精。畢竟環境中不知名的髒汙與油氣還是需要一點清潔劑才能洗得透明晶亮，更別說遇到小鳥空投了。「那我加廚房清潔劑不就好了？」不是這樣的，洗碗精、廚房清潔劑容易凝固的特性會造成噴水孔堵塞，別說清潔了，最後反而什麼都噴不出來。而家用玻璃清潔劑的成分則可能造成雨刷橡皮硬化，結果就是恭喜獲得新雨刷一副。真的要應急的時候加水就好，喝水最好了。

3.電瓶水：現在市售車通常都是配備免加水、免保養的電瓶，約一至兩年做更換即可。平日若想自行檢查狀態，只需要看看電瓶上的視窗顏色就能知道電瓶是否無恙了（因電瓶水具腐蝕性，建議沒事不要打開，有事要打開也請讓專業的人員來處理）。當視窗呈現綠色或藍色時代表正常，白色代表電力不足，若是看到黑色請立即直奔至任何一個可以更換電瓶的場所。如果是傳統需自行加水的電瓶，請常保電瓶水維持在刻度上下限之間，過低就補水，請記得大原則──只喝蒸餾水。

**變速箱油真的免維護嗎?**

「這裡有一批不用換變速箱油的車好便宜的～～」

在這物價節節上漲的年代,花在愛車上的錢也是錙銖必較,當商人打出這樣的口號,心中的小鹿怎麼可能不撞個幾下?先別衝動,還記得我們提過的五油吧?其中一個就是變速箱油,既然會在基本保養檢測的一開始就大書特書,必然有它的重要性,但車商說這輛買下去就不用維護了,到底該信是不信?

在探討這問題的答案前,先來談談變速箱油究竟扮演什麼角色。

首先將變速箱油的功能做個大略的歸納:

1. 轉換動力源提供的扭力、轉速、旋轉方向,透過齒輪與輪軸進一步往傳動軸、扭力分配系統等機構一路傳到輪胎。
2. 提供變速箱內部機械工作適度潤滑、對抗損耗。
3. 冷卻變速箱運作時產生的熱量。
4. 清潔變速箱內部磨損碎屑,防腐蝕、鏽蝕。

雖然變速箱的工作強度沒有引擎那樣引人注目,但相信您也發現了,這位默默付出的無名英雄與愛車踏出的每一步息息相關。觀察入微的您肯定也沒錯過損耗、腐蝕、磨損等字眼。雞排炸個兩千片,油怎麼可能不黑?每天上工哪有不損耗、不折舊的道理?假使長時間不維護保養變速箱油,油變質後產生的雜質會造成清潔功能下降、系統堵塞、異常磨損,經年累月的惡化逐漸產生打檔困難、頻繁跳檔終至變速箱直接壽終正寢,那就真的不需要保養了。

換油方式有兩種:

1. 重力換油:需四至五公升的油,但只能流出約30%的陳油。
2. 循環換油:需約十二公升的油,但能夠徹底換掉90%以上陳油。

變速箱油的保養時機在第一篇檢測方式提過就不贅述了。不過特別提醒,換油時,請務必針對愛車動力需求選用專用變速箱油,大廠高價品不一定最適合。

混合動力汽車自動變速
器的橫截面。

# 很重要，卻最常被遺忘的機油

您的機油可能加的不到位，而且很多人不知道油尺在哪裡？

怎麼還是講油？畢竟愛車是複雜的金屬猛獸，需要功能別具的各項油品來確保他的健康，對這些油品有基本認識，不但在愛車的照顧保養上會更加踏實，多多少少也能減少當車廠冤大頭的機會。想到荷包君的身形，是不是整個都清爽起來了呢？

機油功能跟前一章提到的變速箱油有異曲同工之妙，只是對象從變速箱換成引擎：

1. 潤滑引擎、降低磨損以延長壽命。

2. 冷卻主引擎。

3. 清潔引擎零件（碳化物、油泥、磨損後的金屬顆粒等）。

4. 密封活塞環與活塞之間的縫隙。

5. 包覆在金屬表面，防止腐蝕等。

相信多數人換機油的工作都是交給專業的來，但被敲詐買貴事小，引擎折壽就虧大了，基本的認識還是要有。機油種類可分為四種：礦物油、半合成油、全合成油、植物油。植物油專供賽車短時間超高速競飆用，雖然是目前潤滑性能最好的油，但非常容易氧化變質，不能作為一般汽車長期使用，市面上也幾乎沒有販售。我們就低溫流動性、黏度指數、抗氧化性、抗腐蝕性等為前三者的特性做個排序：全合成油>半合成油>礦物油，因此價格自然是全合成油最高。

接著來瞧瞧機油盒身，5W30？5W40？是代表數字愈大愈好嗎？當然不見得囉！W前面常見的數字有0W、5W、10W、15W、20W，代表低溫流動係數，數字愈小，低溫流動性愈好；臺灣冬天不像歐洲需面臨暴雪肆虐，即便在山區，10W或15W就足以應付了。W後的數字是100度時的運動黏度，除非您天天跑秋名山，那一般30或40已非常足夠，黏度太高反而會耗油、造成引擎負擔。所以您知道的，如果哪天老闆力推0W60給您住在台北使用的代步車，塊陶啊！

最後一個問題有點敏感，機油到底多久要換？五千公里一定要換嗎？這個問

題直到今天依然有不小的辯論聲浪，基於引擎的強化、機油性能的提升，許多人大聲疾呼不需要急著換油。而反對者則以臺灣為海島型國家、濕氣重、常常走走停停、怠速、起步等使用狀態反駁，不可跟歐洲國家一概而論。這裏提供兩個數據讓駕駛人參考——英國溫差更大（夏季可直飆三十度，冬天飄雪）Audi建議每九千英里更換機油，新加坡更濕更熱，Audi 建議每七千五百公里做更換保養。如果還是覺得無所適從，那麼老話一句，參照原廠提供的愛車保養指南最方便。最後，別忘了找一下愛車的油尺在哪裡！

## 排氣量

開始選車時，身邊建議廠牌、型號、進口、國產之後，
好像就是排氣量。

什麼是排氣量？汽缸每一個循環所吸入／排除的空氣容積×汽缸數。「通常」排氣量愈大、發動機釋放的能量也愈大（一次能聚集更多能量），汽車就會展現更佳的動力性能。

排氣量愈大動力一定愈強？L跟T的差別是什麼？多數車廠都會在車尾標示排氣量，例如1.6L（公升），但是卻有些車款標示「T」，這個T並不是容積單位，而是代表渦輪增壓引擎（Turbo），各位有聽過小排氣量渦輪增壓引擎吧？強制擠壓進氣的渦輪引擎可以在排氣量不變的狀態下提供更大的輸出動力，換句話說，1.4T的汽車動力可能還勝過1.6L的車輛。

怎麼看排氣量？雙B的排氣量標示長的好像就是複雜一點，雖然我們不一定要買，知道一下無妨。BMW的第一個數字是代表系列、後兩個數字就是排氣量（BMW325i—3系列2.5L），賓士的英文大寫是等級，後3個數字都是排氣量（E240—E class2.4L）。

多少排氣量才算夠？

1. 小於1.0L的微型車：預算不足的首購族，甚至新手駕駛對於動力的掌握還在模糊的紙上談兵階段，選擇排氣量最低的車款經濟又實惠。

2. 1.0L至1.6L普通車款：汽車已是不可或缺的生活伴侶，車主對於動力性能、安全性已經有相當程度的認知跟要求，但是預算控制仍重視C/P值、油耗的客群。

3. 1.6L至2.5L中階車款：車子對您而言不只是交通工具，更是娛樂消遣、生活重心以及態度展現；美觀／安全／有實力的三拍子小老婆。

4. 2.5L至4.0L中高級車款：通常選到這樣的車款，考慮的已經不是油耗、性能這些錢可以解決的小問題了，重點在尊榮等級。

5. 4.0L以上高級轎車：燃料稅如浮雲、行動注目禮＋讚嘆聲產生器。

# 車子也有保險絲

遙控器電池沒電時常拿鬧鐘的先頂一下嗎？
其實愛車也可以喔！

　　奇怪？怎麼突然電動車窗無法控制？影音系統沒有反應？行車紀錄器罷工？連車上的12V電源都不願意幫您充手機？這時候先別急著送原廠檢測，說不定是車子的保險絲出問題了，很多人可能不知道車子也有保險絲盒，自己購買更換也不過是幾十塊的事，不用勞師動眾特別跑回原廠處理。

　　保險絲盒的位置通常位在方向盤下方或駕駛座邊邊，找到保險絲盒後，可以發現很多色彩繽紛的保險絲安插在盒子裡，上面還標示了數字（安培數），乍看就像一盒小時候都希望擁有的彩色筆。拔起其中一個保險絲，外觀有點像鍬形蟲的上半部，方形身體加上兩隻鉗狀的角，半透明的身體裡能隱約看見S形的曲線，要是這精緻的曲線不在了，就代表保險絲燒掉啦！

　　找到斷掉的保險絲後，要如何判斷是哪個部分的電器出事呢？要全車電源都開過一輪也不是不行啦，但生命好像還是應該浪費在比較美好的事物上，所以又輪到大家可能始終懶得翻開，但是絕對不能丟掉的「車主手冊」上場了。車主手冊裡的保險絲盒配置圖一定有清楚標示保險絲的數字對應項目跟安培數，讓您馬上找到患者的同時，還可以順便研究該犧牲誰來急救。舉例來說，如果今天燒掉的是10安培的空調，馬上鎖定其他也是10安培卻不算是那麼緊急迫切需求的功能項目如：喇叭。對調應急之後，再抽空至汽車百貨材料行購入相同安培數的保險絲補上就可以了。

　　特別注意絕對不能拿不同安培數的保險絲應急，造成內部電阻過大、不正常升溫會有火燒車風險的！此外，如果保險絲才換沒多久馬上燒了又燒、斷了又斷，就必須立馬直奔維修廠處理，可能是因為內部元件有短路、漏電、高溫造成不停的燒毀，又是一個火燒車的警訊。

# 定速巡航的優缺點

有了定速巡航,在高速公路就可以低頭玩手機、座椅躺下補個眠了嗎?

今日車上許多功能都是為了帶來更舒適便利的駕駛體驗,不過定速巡航發明的緣由倒是完全的乘客取向。Ralph Teetor年輕時因為用刀意外導致雙眼永久性失明,但這悲劇並沒有澆熄他對於機械工業的熱情。某天Teetor的律師開車載著他談公事時,Teetor查覺律師發言都會下意識的減速,而輪到自己發言時又會開始加速,這反覆加減速的作用力讓他覺得相當不舒適,決心研發定速巡航系統。一九四五年剛推出時還沒有受到太大的關注,直到七〇年代才開始廣泛使用。

1. 省力:長時間行駛高速公路不僅容易造成駕駛注意力渙散,對體力也是個負擔;切換至定速巡航後,右腳就不需要死守油門踏板,可以稍微動動伸展,活絡氣血。

2. 省油:再資深的駕駛,油門控制的精確度應該還是略遜電腦一籌,定速可以避免多餘的加速減速,確保燃油最佳使用效率。

3. 省錢:高速公路路況太好時難免油門不小心愈踩愈多,來不及減速就被拍下來了!定速自然就不會有這個問題。

定速巡航畢竟不是完美的,許多路況與天候都不適合定速行駛,反應時間不及反而可能造成危險。

1. 長下坡路段:定速巡航開啟的狀態下遇到會自然加速的長下坡,不會有輔助煞車的動作,此時的實際速度不但會比設定速度更高,臨時發生突發狀況時也很可能反應不及。

2. 市區、山區、雨天、不平整道路:這些根本不可能維持均速的地方開定速巡航簡直跟俠盜獵車手一樣暴力啊!

3. 塞車:遇到連假返鄉車潮時,走走停停的惱人程度完全不亞於平面道路,也不可能定速。

目前部份車廠搭配更先進的「主動式定速巡航」(ACC)系統,不但可以依照駕駛設定的速度行駛,還能偵測與前車間的距離,若是距離過近就會自動減速,回到安全距離後再自動加速至所設定的速度。

# 008 Ａ柱Ｂ柱Ｃ柱

別急著左轉出去，這裏不是英語教室，我們還是在談車沒錯！

發生重大交通事故時常會聽到這樣的一句話：「開車還是比騎車安全多了，鐵包皮vs.皮包鐵」。用來支撐這鐵盒的重要骨架就是今天要介紹的Ａ柱、Ｂ柱和Ｃ柱啦！

汽車的Ａ柱（前柱）位於擋風玻璃兩側、前門前端部分。 Ｂ柱(中柱)位於前後門中間固定後門的部分。Ｃ柱（後柱）位在後門後側與後窗之間。有些像是SUV等大型車種，還會有Ｄ柱的設計，在後小窗和後擋風玻璃交接處。

Ａ柱、Ｂ柱和Ｃ柱與車頂結合成一頂強固的保護傘，在車輛發生正面、側面撞擊，甚至車身翻滾時，可以保障駕駛艙的生存空間完整，無論其他部位遭到怎樣的摧殘，只要Ａ柱、Ｂ柱和Ｃ柱與車頂沒有重大變形，乘客的生存率就會大大提升（當然前提是安全帶要繫上，否則如果車身好好的，但駕駛飛出去，然後……就沒有然後了。）

「那敞篷車呢？」華生，您又突破盲點了。敞篷車在沒有Ｂ柱和Ｃ柱的情況下，首先會針對Ａ柱特別增加強度，同時加固、加重底盤，部分車型還會使用高於座位的可彈出式防滾槓來代替Ｂ柱和Ｃ柱，從而起到保護作用。當然，這些替代方式會增加不少成本。

了解Ａ柱、Ｂ柱和Ｃ柱的功能與重要性後，暗藏的問題跟危險性也是一定要知道的。筆者還記得一開始戴眼鏡的時候，覺得世界多了好多死角，Ａ柱盲區就是這樣的存在！Ａ柱在行車過程中常會形成視線死角，尤其左轉時可能壓根看不到行人就站在Ａ柱盲區內，許多意外就是這樣發生的。這裏介紹幾個解套方法：

（1）減速慢行，轉彎時頭部偏向一側並左右環顧一下Ａ柱遮擋位置，確認淨空後再通行。

（2）調整後視鏡，後視鏡應包含一小部分車身以利判斷相對位置，鏡片角度儘量向外以減少盲區，挪出更多空間來觀察道路上的交通狀況。

（3）上路前先觀察，看看車輛周圍有無人、動物以及其他障礙物等。

ABC 三柱的位置。

A柱

B柱

C柱

B柱

Maksim Toome / Shutterstock.com

A柱盲區

駕駛在行車時很容易受到左右 A 柱
阻擋造成視覺盲區,雖然現在有不
少車款可以選購盲區偵測系統,但
駕駛還是必須多加留意。

在敞篷車的座位後方可以看到
用來增加車體剛性的防滾槓。

Maksim Toome / Shutterstock.com

# 首保養？小保養？大保養？
這麼多種保養，可以讓人這樣保了又保、養了又養的嗎？

「買車容易養車難」是眾多車主心中共同的痛。其實仔細想想，許多人喜歡稱呼愛車為「小老婆」，一定有其道理存在。當初懷抱著粉紅泡泡開始的戀情，相處後才發現眉眉角角比一級玩家的彩蛋還多，一段美好的關係難免經歷愛恨交織。讓我們回到情侶的視野來看愛車保養吧！

1.首保養：顧名思義，就是寶貝新車的第一次保養，通常以三千公里為界。這段里程數就相當於情侶的熱戀期，彼此還不熟悉的狀態下要保有適度的尊重，車速不超過一百二十公里，給對方充分時間做好心理準備。然而，一段長久的關係必須具備真誠的心坦誠以對，過度呵護與壓抑反而可能會埋下日後的爭執點，所以不要因為是新車就不敢正常駕駛（永遠保持均速四十公里、天氣好才上路之類的）。

2.小保養：過了三個月熱戀期，也就是里程數五千至七千五百公里後，就是一段截然不同的關係了，許多對方在意的重點絕不能以「三不一沒有（不知道、不記得、不清楚、沒有人告訴我）」含糊帶過，這時候還沒想到要換機油根本相當於「什麼？昨天是妳生日？」一樣糟糕，請在亡羊補牢的同時順便進行全車檢查，確認一下空氣濾網這些耗材狀態如何，是否該更換；都不檢查的話，請想像您忘了她的生日，又忘了補買禮物後，會有怎樣的下場。

3.大保養：三萬公里的里程數，相當於論及婚嫁了！大保養可能會很燒錢，就像蜜月旅行要求奧匈捷十五天一樣，但是先別急著跳腳，大家討論過後發現變速箱油六萬公里後再換就好也是有可能的，但是先做好勢在必行的心理準備，自己也會踏實一點。輪胎、煞車等等細節也不用再次贅述。只要記得細心、貼心並時時留意重大節日（里程數），呵護愛車的同時也等於保障您的生命安全。現在也有不少APP可以下載，幫助車主更加熟悉愛車的脾氣。

| 各種常見的汽車保養項目（本表僅供參考，各車廠有不同的項目準則） | | | |
|---|---|---|---|
| **引擎室** | | **煞車** | |
| 引擎機油 | 機油芯 | 煞車油 | 煞車管路 |
| 空氣芯 | 動力方向盤 | 煞車踏板 | 手煞車 |
| 發電機 | 冷氣皮帶 | 煞車摩擦塊 | 煞車圓盤 |
| 正時皮帶／正時鍊條 | 冷卻液體 | 煞車來令片／煞車鼓 | 檔煞 |
| 冷卻水管及接頭 | 副水箱冷卻液體 | 整體車況與機械系統 | |
| 火星塞 | 電瓶保養 | 胎紋、胎壓 | 方向機 |
| 燃油濾清器 | 燃油管路 | 連桿、球接頭 | 驅動軸 |
| HC、CO濃度 | 自動變速箱油 | 底盤系統 | 各輪軸 |
| 動力方向機油 | 曲軸箱通氣閥 | 懸吊系統 | 排氣管 |
| 廢氣循環系統 | 怠速、正時 | 觸媒轉換器 | 濾網 |

| **電器** | |
|---|---|
| 儀表 | 各式燈光 |
| 喇叭 | 大小保險絲盒 |
| 雨刷／噴水口 | 冷暖氣系統 |
| 各式安全系統 | 各式偵測系統 |
| 定速系統 | 其他 |

# 認識儀表板

很多人都只在乎儀表板是否酷炫，
卻看不懂儀表板上面圖示代表的意思。

網路上有個笑話，有人在網路上拍照發文：「請問一下我車子儀表板上為什麼有個背寶劍的小人圖案啊？」其實那是提醒未繫上安全帶的圖案。我們時常在接觸儀表板，除了時速表和轉速表，其他的燈示也都代表著重要的訊息，還是不要忽略比較好吧！

但是您一定會說：「可是那個燈全亮起來有幾十盞耶！我腦細胞都燒在公司了，怎麼記得住啦！」別擔心，您並不孤獨，根據二〇一七年的報導，英國有九成的車主不知道他們的儀表板想表達什麼。所以囉！我們不是要放棄，而是提供幾個大方向，根據輕重緩急來記住特定幾個無視會出事的燈示，然後剩下的再交給時間慢慢熟悉。

儀表板指示燈依據迫切性分成三種顏色（紅綠燈的概念）：

1. 紅色警示燈：這麼刺激的顏色當然是指迫切的問題，可能是高水溫、電瓶等存在故障需維修的異常，此時應該要停止行駛、尋求專業協助。「可是我的車剛發動時也有幾個燈是亮紅色的耶！」一般這幾個燈示都是有關上路前的重要步驟，駕駛前請先行檢查車門是否有關好、繫上安全帶然後放下手煞車，如果還有紅燈未熄滅，就請參考車主手冊。

2. 橘／黃色警示燈：橘色感覺似乎就沒那麼生死交關，但一樣不能拖太久，就像老婆要您倒的垃圾和洗的碗。可能是煞車／燈泡／火星塞等等磨損或需更換、必須檢查的狀態。如果一直放著不管，報修費就有機會呈等比級數成長。

3. 藍／綠色指示燈：這麼冷靜的顏色，表示愛車正在執行您下達的指令，例如開啟遠光燈、方向燈、前霧燈、ECO節能模式等。但是重要性一樣不能輕忽！有些人會以為遠光燈或霧燈的圖示是代表「有開啟大燈」，使得強光影響到對向與前方來車。當您看到這邊，請確認自己是不是也犯了這個錯誤，畢竟我們都不想遇到馬路三寶，更不希望變成別人口中的三寶。

| 引擎管理系統<br>警示燈 | 懸吊式避震器<br>警示燈 | 保養提醒<br>指示燈 | 後車箱蓋<br>開啟警示燈 | 柴油碳微粒<br>濾清器警示燈 | 安全氣囊<br>鎖定指示燈 |
|---|---|---|---|---|---|
|  |  |  |  |  |  |

| 車門未關上<br>警示燈 | 轉向指示燈 | 定速系統<br>開啟指示燈 | 安全氣囊<br>警示燈 | 後雨刷<br>開啟指示燈 | 自排變速箱<br>警示燈 |
|---|---|---|---|---|---|
|  |  |  |  |  |  |

前車廂蓋<br>開啟警示燈　　敞篷系統<br>警示燈　　胎壓監測系統<br>警示燈　　動態穩定系統<br>指示燈　　防鎖死煞車<br>系統指示燈　　主動車距控制<br>巡航系統<br>指示燈

| 前車廂蓋<br>開啟警示燈 | 敞篷系統<br>警示燈 | 胎壓監測系統<br>警示燈 | 動態穩定系統<br>指示燈 | 防鎖死煞車<br>系統指示燈 | 主動車距控制<br>巡航系統<br>指示燈 |
|---|---|---|---|---|---|
|  |  |  |  |  |  |

| 空氣懸吊系統<br>警示燈 | 煞車板監控<br>警示燈 | 手煞車系統<br>警示燈 | 燈泡耗損<br>警示燈 | 引擎<br>冷卻系統<br>警示燈 | 引擎或<br>電子系統異常<br>警示燈 |
|---|---|---|---|---|---|
|  |  |  |  |  | **EPC** |

| 柴油預熱<br>警示燈 | 機油油壓<br>警示燈 | 油箱燃料不足<br>指示燈 | 系統危險<br>警告燈 | 未偵測到鑰匙<br>警示燈 | 主動車道<br>偏移系統<br>警示燈 |
|---|---|---|---|---|---|
|  |  |  |  |  |  |

| 電子煞車系統<br>指示燈 | 踩壓煞車<br>踏板指示燈 | 前擋風玻璃<br>加熱器指示燈<br>（後擋風玻璃為方框） | 車輛充電系統<br>警示燈 | 未繫安全帶<br>警示燈 | EPS 電動輔助方<br>向盤系統警示燈 |
|---|---|---|---|---|---|
| | | | | | |

| 節能模式<br>指示燈 | 四輪驅動模式<br>指示燈 | 近光燈 | 遠光燈 | 霧燈 | |
|---|---|---|---|---|---|
| **ECO** | **4WD** | | | | |

（前後燈一般會以照射方向做分別，向左為前燈，向右為後燈）

**四輪驅動是什麼意思？**

其實一句話就可以總結四輪驅動，就是「前後車輪都有動力」。

今日多數車種都是以前輪驅動控制方向、後面兩輪被跟著帶動而已，沒有轉向的功能（部分強調駕馭樂趣的跑車則會採後輪驅動），四輪驅動常見於越野車、SUV等具有挑戰地形路況需求的車款。

不過四驅可不只一種，可能有人看過AWD（All Wheel Drive）「全時四輪傳動系統」跟4WD（Four Wheel Drive）「四輪傳動系統」並感到莫名其妙，車子全部就只有四個輪子，這兩個東西不是一樣嗎？還真的不是！差別在於一個永遠四輪驅動、另一個可以選擇不總是四輪驅動。

1. 全時驅動（Full Time）：直接照字面上的意思解讀就可以了解，這種機制永遠維持在四輪驅動模式，相較於兩輪有更好的穩定性跟循跡性，缺點是動力增加、油耗當然也省不了。

2. 適時驅動：（Real Time）：適時聽起來就給人一種懂得察言觀色、因地制宜的伶俐感，電腦會自行判斷路面狀況適用哪種扭力分配，決定兩輪還是四輪驅動，缺點是駕駛跟電腦意見相左時也沒得商量，追求操控樂趣的駕駛恐怕會覺得綁手綁腳，甚至認為電腦反應太慢。

3. 兼時驅動（Part Time）：相較於前者適時驅動的自動化，這裡就是將主控權交還給駕駛手動切換，當其中一個輪胎卡在泥沼中，駕駛可以手動切換動力至還有摩擦力的其它三個輪胎，有效脫困又不浪費動力；但是許多人開了好幾年車都是D檔一路到底，遑論這麼複雜的操控判斷，根本是資深專業玩家級駕駛限定。

每個人用車習慣大相逕庭，哪一種四輪驅動好，甚至是四輪驅動是否優於兩輪實在也很難有個定論，但肯定的是，無論什麼驅動模式，都別忘了務必時時檢查輪胎狀態，引擎空有動力但輪胎沒有抓地力也是白搭的。現在也有車款加裝電子制動力分配系統（Electric Brakeforce Distribution，EBD），車載電腦會即時偵測輪胎抓地力的狀況，針對不同輪胎分別調整制動力度，保證抓地力。

# 汽車時速表其實是不準的

超速了卻沒被開罰單，並不是您的人品好。

　　不知道各位有沒有這樣的經驗，在限速一百公里的路段一時忘我催超過一百一，衝過測速照相，然後懷著忐忑的心情卻遲遲沒有收到罰單？然後您鬆了一口氣，一定是測速照相沒裝底片吧！其實事實的真相是——您的時速表沒有您想像的那麼準確。不是針對您，我是指在座的各位，您的時速表都不準。

　　「那我現在又要進廠維修了喔？」「要換什麼零件啊？」先別緊張，這一切都是國家標準《汽車用車速表》的用心良苦啊！

　　在解釋這「國家標準」之前，您知道時速表的數字是怎麼來的嗎？用測速槍？不是。每個車輪上都有個傳感器，藉由檢測轉動圈數測得實際車速，然後帶入國家標準《汽車用車速表》規定的公式：車速表指示車速不得低於實際車速，指示車速與實際車速之間應符合「0≦指示車速－實際車速≦實際車速／10＋4km／h」的關係式。

　　我懂我懂，我還是說中文吧！簡單的說，今天根據圈數計算出來的數字多少會有誤差值在，而國家標準只允許車速表多報，所以理論上，車速表顯示的速度永遠會比真實數值高一點（就是球場俗稱的快樂槍啦），追根究底也是為了廣大用路人的安全。

　　這邊我們實際帶入幾個數字瞧瞧：「車速：40，表速40至48／車速：70，表速：70至81／車速：110，表速110至125」真是一個數字點醒我輩夢中人！時速較快時，誤差值也可能稍大一點，加上違反道路交通管理事件統一裁罰基準及處理細則第十二條第一項：「行為人有下列情形之一，而未嚴重危害交通安全、秩序或發生交通事故，且情節輕微，以不舉發為適當者，交通勤務警察或依法令執行交通稽查任務人員得對其施以勸導，免予舉發。」暨第十一款規定「駕駛汽車行車速度超過規定之最高時速未逾十公里。」因此有十公里的彈性車速空間。所以先天不準，再加上後天給予的彈性，雖然用車人在限速一百公里的地方開到表速一百一十公里以上，但實際上還未超過測速槍的實測速度，才會逃過一劫。

雖然車子的時速表可以超過200以上，但並不是代表您每次都要把油門催到底。

「那我以後限速一百都可以開到一百一十四了！」不是這樣的！車速表顯示的數字有一個大概的誤差空間，到底差多少，不測不知道。若是真的很想知道自己的表速跟實際速度有多大的誤差，但是又找不到測速槍的話，現在有很多導航或行車紀錄APP附有GPS測速功能，可以在駕駛的同時與表速相比作為參考，當然，還是測速槍會比較準確。

所以啦，這個「不精準數字」算是買一個保險，千萬別當作僥倖的藉口喔！在此也要奉勸各位車主，真的不要開快車，很多人開車時，不知道為什麼都有一種「方向盤在手，天下我有」的奇怪思想，愛開快車又隨意變換車道。當車速越快時，人的視線會越狹隘，所需要的煞車距離與時間就越長，相對容易判斷出錯，即是所謂「十次車禍九次快」。國外也有做過研究，開快車與隨意變換車道反而容易造成塞車，因為前車不斷變換車道時，勢必會讓後車踩煞車降低車速，連帶影響到後面其他車一起踩煞車，車流就受到阻礙，影響順暢，因此大家一起保持法定速限，維持適當地安全距離，不貪快、順順開的用路習慣才是最好的。

# 車子突然發不動！
有時候不是發不動，是您眼睛業障重！

以下跟大家分享一些車子突然發不動的可能原因。

1. 電瓶GG：不久前重新回味心中的影集神作「絕命毒師」，Walter跟Jesse在行動休旅上夙夜匪懈的製毒，進度超前開開心心要回家時發現……這兩天鑰匙都沒離開過鑰匙孔。沒錯，電瓶沒電是最常見的問題，雖然這時候可以拜託鄰車跨接線救援，但還是請專業人士來比較安全。

2. 電瓶樁頭接觸不良：有時候手機充電有問題，換個充電器或是擦擦接頭表面就恢復正常，電瓶樁頭長久使用下來也會有類似的情況。應急的處理方式是搖搖正負極樁頭，就像找耳機線甜蜜點那種感覺，維修廠通常會用貌似奶瓶刷的鋼刷清潔。

3. 忘了打到P檔：這是最常見的原因，也是為了駕駛的安全、預防暴衝，多數車款的排檔要確認打在P檔的位置才能啟動。近年許多新車更加嚴謹，還要踩下煞車才能發動。方向盤也跟P檔有關，如果在發動前不小心轉動方向盤，愛車很盡責的上了暗鎖鎖住方向盤，鑰匙也轉不動了怎麼辦？第一步請先排P檔，第二步踩煞車，第三步插鑰匙發動，第四步轉方向盤，應該就可以解鎖了。若還是不行，請拿出隨車聖經「車主手冊」參考。

4. 認鎖不認人：防盜系統日新月異，複雜的晶片鑰匙一旦不小心摔壞，望車興嘆就是不讓您開。

5. 啟動馬達也GG：如果發動時出現不太尋常的聲音，有可能是啟動馬達出問題。但這情況比較需要意會無法言傳，大概就是女朋友說沒事，但您覺得音調就是不太對那樣。

6. 天兵：這邊分享一個真人真事，以前有位同事說她的車發不動，放了半年才去處理，結果只是沒油了。 沒油沒水這些傻事還真的會發生，請大家謹記，時時關心愛車，就是愛惜生命。

在高速公路若是因為沒油而「掉招」會很麻煩，還有可能被開單或被無良拖吊業者訛詐，因此上路前一定要先確認油量。

車子開多了，總是有機會碰到電瓶沒電的情況，車上常備跨接線會比較安心。

# ⟮014⟯ 正時鏈條與正時皮帶是什麼？

對汽車來說是很重要的零件，但是很多人都沒聽過。

　　汽車引擎由五大系統與兩大機構組成，兩大機構分別為曲柄連桿機構與汽門機構，而正時系統呢，就是汽門機構的重要組成。汽缸內不斷發生的進氣、壓縮、點火、排氣時機，都要與活塞的運動狀態和位置相配合，而正時皮帶（鏈條）則在引擎裡面扮演排氣系統及活塞間的「橋樑」。簡而言之，正時皮帶斷掉，引擎就會立刻熄火，然後就出大事了！

　　好的，那接下來瞧瞧正時鍊條與正時皮帶這兩個，貌似有親戚關係的名稱是怎麼回事。正時鏈條出生之前普遍都使用正時皮帶，由於橡膠材質會隨著時間的摧殘逐漸磨損老化，一般建議每八至十萬公里就必須更換（不同車型規格有不同的更換週期，筆者也看過四萬公里就要更換的，請以車主手冊為依據，不要取最大值喔），對車主而言，正時皮帶屬於固定的支出成本，也是需要時時掛心的存在，不是很方便，因此千呼萬喚始出來的產品就是正時鏈條。

　　相對於正時皮帶的橡膠材質，鋼質的正時鏈條號稱終生不需維護，省錢方便又安心。不過，因為正時鍊條有傳動噪音大、阻力大、慣性也大，材質生產成本較高（成本總是會反映在售價上）的幾個問題，所以並沒有成為每一間車廠的正規配備。也許會有車主認為「反正終生免維護就贏了！噪音我可以忍」，但是只要翻開車主手冊，相信在保養項目上，每一家車廠都不敢跟您保證正時鍊條在進廠保養時不用檢查或更換。理論上，正時鏈條的壽命在設計上應該要跟愛車同進退，但經常滿載、長途、高速行駛等嚴苛使用條件下，總是有折壽風險，當然還有車主的「人品」，有時人品大爆發，躲也躲不掉。

　　至於正時鏈條與正時皮帶，真的要比較兩者究竟哪個比較好，只能說各有利弊，使用上見仁見智。汽車畢竟是尖端科技的結晶，也許將來會出現取代兩者的新技術也說不定。

# 015 柴油引擎與汽油引擎

近年來柴油引擎車似乎聲望頗高，卻依然無法取代汽油車

　　只要油價一漲，加油站就排得跟五月天演唱會時，ibon售票系統一樣擁擠，一度使得油價較低的柴油車也跟著紅極一時，可幾年過去，身邊有車的朋友好像還是開汽油車居多，究竟柴油引擎與汽油引擎的差別在哪裡呢？

　　柴油、汽油引擎都是四行程（就是在汽缸內進行了一個進氣、壓縮、點火、排氣的動作）。兩者主要的差異是燃油燃燒的方式：汽油揮發性高，以點火系統點燃油氣；柴油則是以「壓燃」，藉由壓縮使空氣溫度超過柴油的自燃點，再噴入柴油點燃。所以，重點來了！如果將柴油加入汽油引擎是無法順利點燃的，因為柴油的揮發性遠低於汽油，火星塞點不著。「那將汽油倒入柴油引擎一定會燒得超旺吧？」是的，只是太旺了一點，高揮發性燃料噴進高溫高壓的空氣中會不受控的爆震，引擎會痛的，所以千萬不要交換加油互相傷害啊！

　　「但我其實沒有很在乎他們的原理，我只想知道哪個比較省錢而已。」施主，您的想法我們都懂，我們就來做個分析吧！

1. 價格：就算沒加過柴油，相信一定也被柴油平易近人的牌價吸引過；但柴油車價格通常都會高於同級汽油車，需要達到較高里程及油耗才能顯出柴油車的實惠（也因此柴油車在歐洲等地區較受青睞）。

2. 性能：柴油車的扭力較佳，發動和爬坡時都會更強勁，也因此刻板印象中，加柴油的都是發財車、大貨車。不過渦輪增壓技術也不是吃素的，許多汽油引擎的加速已經可以跟柴油引擎並駕齊驅了。

3. 聲音：柴油車獨有的狂野不羈爆響有的人喜歡，有的人不喜歡。

　　所以柴油車與汽油車該怎麼選呢？首先當然是試乘囉！試乘又不用錢，有些還會送好禮，而且選車是主觀的，當然要藉由親手操控來選擇自己喜愛的車款囉！像筆者的朋友開過現代的柴油車TQ，他的感想是整體表現不錯，詬病的點反而是車身太高不好上下。其次，如果要與愛車發展長久的穩定關係，又需長途行駛、承載重物或住在山區，柴油車確實是不錯的投資。但如果只是要在城市短途代步的話，汽油車應該就足夠了。

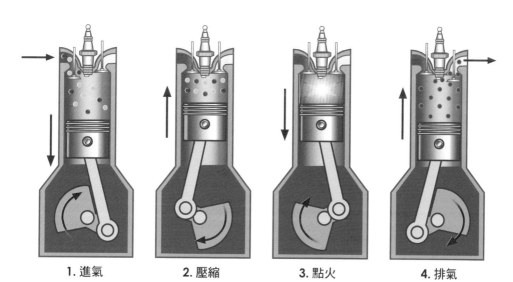

1. 進氣      2. 壓縮      3. 點火      4. 排氣

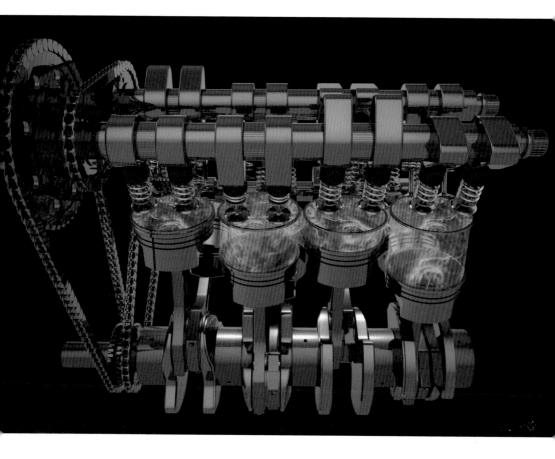

# ABS到底是什麼？

每天都在聽ABS，但是您說得出來這到底是什麼嗎？

「夏天到了露出腹肌（ABS）也是很合理的嘛！」不對不對，ABS是Anti-Lock Brake System「防鎖死煞車系統」的縮寫。為什麼要防止煞車鎖死呢？記得國中的時候，每當窗外出現尖銳的緊急煞車「嘰～～」聲時，班上一定會有同學非常敬業的接著大喊一聲：「碰！」技術再好的駕駛也難免遇上需要緊急煞車的意外事故，像是汪星人想跟車玩、暗巷中突然有車衝出來偷襲，或是前方車輛感覺來了就是要突然煞車等等。這時候若是沒有ABS輔助，大腳踩滿煞車、方向盤就會鎖死，這種狀態根本無從反應閃躲，一切只能交給慣性大神保佑了。

這時候您大概會想問，「那沒有ABS的時代大家都怎麼過的？」老經驗的駕駛在遇到緊急狀況時不會將煞車踩好踩滿，而是以間歇踩放踩放的「點煞」維持汽車的操控性，當然啦，能夠這麼臨危不亂自然只有老司機辦得到，即使如此，人工點煞畢竟無法像機械那般穩定持續，加上今日國內的車流量與不可預知的道路威脅也都是過去無法比擬的。

ABS系統運作時會有一些駕駛較為陌生的狀態，像是煞車踏板顫動、緩緩下降，發出喀噠聲（電磁閥作用）及防鎖死煞車系統的馬達運轉聲（即使車輛停止後仍能持續工作一段時間），這些都屬於正常的現象，不用過於驚慌。除了安全性的保障之外，ABS還有減少煞車及輪胎消耗的優點；由於車輪沒有被鎖死，所以輪胎就不用使用固定單一點與地面摩擦，增加更多摩擦面積與摩擦力，大大提升煞車的效率。

雖然ABS好可靠、好強大，但畢竟沒有什麼角色是無敵的，鬆散礫石、深度積雪的嚴峻路面狀態或是高速轉彎、跟車輛距離過近等人為操作不當的情況下，仍然無法避免事故的發生。無論科技進步到什麼程度，駕駛員的警覺性與責任感一樣得跟著上路，即使是再厲害的老司機也會留下至少百分之二十的餘力以應付緊急狀況的發生，老是橫衝直撞，急踩急煞的開車方式沒有比較帥，而且危險駕駛不但是拿自己生命開玩笑，更相當於蓄意殺人，真的想要展現自己愛車的性能，請到專門的場所。

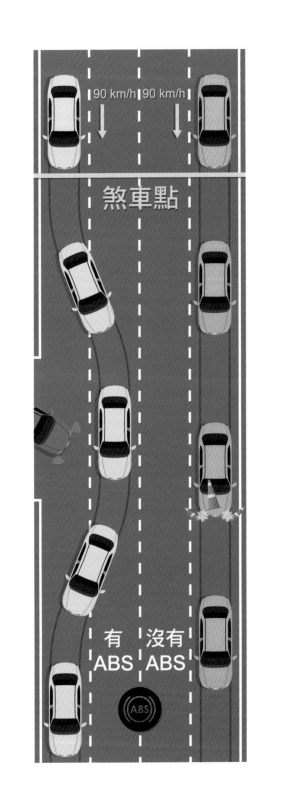

# (017) 電動車窗的保養維護

要解決電動車窗卡卡出怪聲的問題，只需要一支筷子？

　　筆者剛拿到駕照的時候當然沒錢買車，自然是先拿老爸的車小試身手。老爸的愛駒保養得當，開起來就是一個安心順手。當時我開進停車場，按鈕取票後拉起車窗準備找車位……咦？車窗怎麼熊熊關不起來？一時心急的我使出連高橋名人都驚嘆不如的指速狂按控制鈕，直到車窗好像突然睡醒，奇蹟關上為止。

　　雖然車窗感覺像是配角，平日的保養一樣不能少啊！愛車在外拋頭露面，車窗難免沾附灰塵，經年累月升升降降的將這些髒汙堆進車窗橡膠導槽，不但使用上不順暢，還會開始出現雜音。進廠拆車門、修車窗又是好幾張小朋友揮一揮衣袖，不眷戀您的口袋，所以這裡為各位介紹幾個自行保養的招式：

1. 乾淨抹布加上筷子和一桶水：先將沾溼的抹布包住筷子一端，這個東西就是您的清潔工具了。將清潔工具深入玻璃導槽（就是車窗玻璃收進去的縫隙）反覆擦拭、清洗，恭喜您！已經完成大致上的清潔了。

2. WD－40：這罐地表最強除鏽劑堪稱神器，具有將骨董腳踏車的陳年鏽痕完全除去的神祕力量，大至各種重型工業機具，小至軌道車的馬達通通都能使用，即使科技再怎麼進步，其神器的地位至今依然無法被取代。將WD－40噴在玻璃升降軌道內潤滑、清除鏽蝕雜質，對於車窗的保養也是很有幫助的。

3. 車窗專用潤滑劑：為什麼有了WD－40還要車窗專屬的潤滑劑呢？是這樣的，車窗功能要正常運作，其中一個非常重要的角色就是車窗膠條，若是沒有慎選清潔用品與有機溶劑，造成橡膠老化、乾裂，一樣必須要整組換掉啦！

　　最後特別提醒大家留意一位不起眼的車窗殺手——名片。在路邊停車的時候，除了停車費收據與罰單，偶爾車窗上也會被夾一些不知名的廣告傳單，當它夾在車窗上時千萬不要拉下車窗！要是這張小小的紙片滑進車窗裡，還很不巧的卡住了車窗升降器、磨壞了齒輪，還拖了一段時間才去處理，這工程花費就跟幫愛車開刀差不多了。

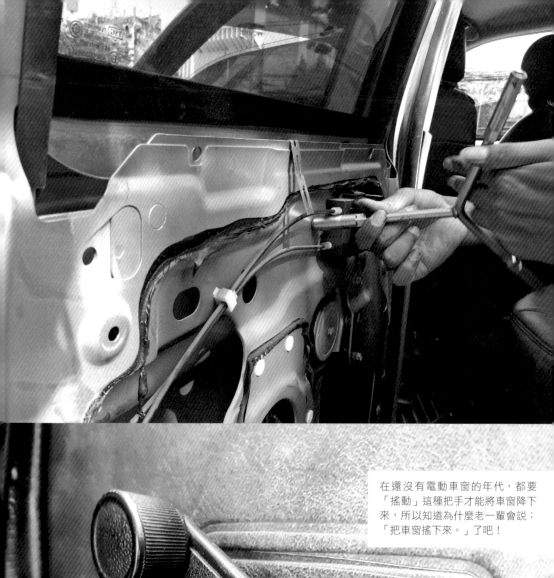

在還沒有電動車窗的年代，都要「搖動」這種把手才能將車窗降下來，所以知道為什麼老一輩會說：「把車窗搖下來。」了吧！

# ((018)) 汽車防盜器

吵歸吵，但如果警報聲響個幾秒就沒聲音，就可能該報警了。

夜深人靜的時候，聽到汽車防盜器警鈴大響總是很惱人，雖然確認不是自己的愛車後就能安心睡回籠覺，但持續不斷的警鈴慘叫聲真的是讓人很想報警。不過您知道嗎？如果警報器響個幾秒就沒聲音了，那可能真的該報警了。

一般在選擇汽車防盜器時，還會聽到「車門連動」這個名詞。我們先來說說防盜器解除跟車門連動是怎麼回事。買防盜器就是為了要保護我的愛車啊！為什麼要解除？請各位先回想一下平常都是怎麼開車門的呢？「當然是按遙控器啊！」那遙控器沒電的時候怎麼辦？「備用鑰匙啊！」這時候問題就來了！如果車門跟防盜器有連動關係，今天門鎖一旦被打開，連動裝置就會跟著解除防盜警報裝置；換句話說，如果小偷撬開車門，一樣可以在瞬間解除防盜警報。

拿個數字嚇嚇您們，根據二〇一六年的報導，偷車賊最快僅需三秒鐘就可以撬開車門，也就是您還來不及說「剛剛是不是有聽到～」，愛車就陷入沈默。所以，今天一旦解除車門連動，遙控器解鎖就成為進入車內的唯一途徑，其他染指鑰匙孔的動作都會被視為強行進入，因為防盜器尚未經由遙控器解除，警報聲就會哭天搶地的瘋狂鳴叫，發揮擾亂與過止竊賊動作的效果。但是另一個重點來了，一旦解除了車門連動，請務必確保遙控器隨時處於有電的狀態，否則即便身為車主的您用原廠鑰匙打開車門，愛車一樣只認遙控器不認人的。

近年推出的許多keyless車款，也算是解除車門連動的概念，直接摒除鑰匙開車門這個選項。感覺keyless好棒棒，都換成這種新科技不就解決問題了嗎？安全方便又走在潮流尖端。遺憾的是，規則就是拿來打破的，鎖終究都是可以打開的，只要是人類製造出來的東西，都會有漏洞存在，謹記這個概念，可以降低愛車失竊的風險。

所以囉，若是要更加保證愛車的安全，除了汽車警報器之外，多做幾道安全防護是一定要的，像是加裝暗鎖、方向盤和踏板上大鎖等等，增加偷車賊的麻煩，自然能減少他們對愛車的覬覦之心。最好還能停在室內車庫，因為曾經有犯

案集團是直接將目標車輛吊上貨車，整個帶走，據說犯案過程不用三分鐘。

　　說到目前市面上的汽車防盜器，型式也是五花八門，除了最一般的聲響型，還有結合手機APP操控，可以使用GPS定位，或是遠端斷電，只要有感應到不正常震動立即回報的功能等等。不過，有不少車主表示大概只有剛領到新車的前三年會想裝這種汽車防盜器，等過了三年後大概都隨便了，但是這樣的汽車防盜器售價都不便宜，安裝也不是隨插隨用，需要特別配線以及將機子藏在不顯眼的位置，相對比較麻煩。於是有業者推出了租賃的服務，若是有需要的車主可以考慮以租代買的方式，或許也是不錯的選擇。

# (019) 免鑰匙啟動的安全性

再精密的科技都是人類創造出來的，
既然能製造，當然能破解。

　　在尼可拉斯凱吉的電影生涯崩壞前，《驚天動地60秒》可以算是他的佳作之一。當時各種偷車神技我們只當劇情特效在讚嘆，散場就把這些餘悸也都留在好萊塢的平行宇宙裡了。不過，科技始終來自於人性。

　　車主可能會反駁：「車商跟我說keyless的鑰匙沒辦法複製，掉了要根據引擎整組重新打造，這樣應該超安全的吧？」可是瑞凡，偷兒不需要拿到您的遙控器，只要攔截到那虛無縹緲的訊號就行了。根據英國媒體二〇一七年的報導，北倫敦偷車賊可以透過特殊儀器，破解裝置傳送信號，在那驚天動地的六十秒內牽走價值兩百多萬的BMW。當時採訪的相關技術人員表示，破解裝置的運作原理是將車鑰匙的傳輸範圍從正常範圍的兩至三公尺，像是灌類固醇一樣增加到幾百公尺；藉由加強訊號的方式讓安全系統誤以為車主跟keyless鑰匙就在旁邊，然後小偷只要很自然且大方地打開車門、發動引擎，車子就能直接開走了。

　　這個消息很殘忍吧！不好意思我們要再殘忍一點！根據專業測試單位ADAC於二〇一七年的報告中指稱，已經有更新、更便捷的keyless破解手法出現。（怎麼每次最尖端的科技都是從德國出來的？賭神的隱形眼鏡也是。）這項手法的運作原理很像Wi-Fi橋接器，竊賊帶著破解裝置向您搭話，取得您身上鑰匙的電波訊號後，再將訊號放大並傳至在您愛車旁待命的同夥，然後一樣自然且大方地打開車門、發動引擎，車子就能直接開走了（如右圖上），世界上也多一名心碎的車主了。

　　看到這裡請千萬不要自暴自棄變成佛系車主乾脆都不鎖門。其實沒有任何防盜裝置保證萬無一失，安全裝置的存在是為了增加破解的難度、消耗更多的工作時間，讓竊賊知難而退。所以要防止愛車失竊，在車上額外安裝方向盤鎖等裝置可以讓愛車看起來比較沒有那麼好入口。此外，分享一個能阻斷keyless鑰匙訊號的小撇步給大家：「將鑰匙收在鐵盒中」。或者嘗試看看包在鋁箔紙中，據說也有效果。

# Remote Jammer
block signal and
stop car from locking

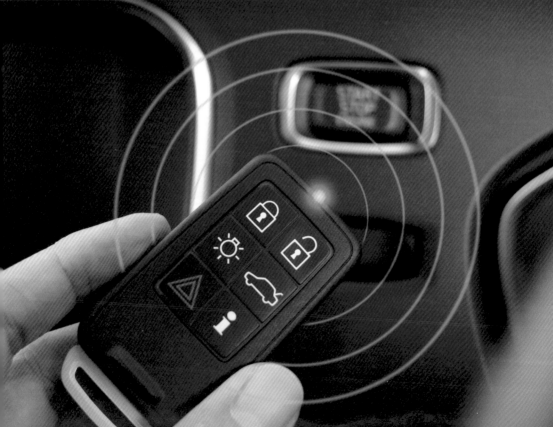

## (020) 電子鑰匙的功能

除了免找鑰匙孔，電子鑰匙還有很多實用新技能！

　　大家知道自己的電子鑰匙有非常重要的功能嗎？放心，我絕對不會用「開車門」這種答案唬弄過去的。除了熄火鎖車門之後仍可長按鎖車鍵關上車窗之外，這把鑰匙可能還有驚喜是您沒發現的喔！

　　1.沒電還是開得了車門：電子鑰匙跟智慧型手機最大的弱點就是沒電，不過車廠還是貼心的留了「隱藏小鑰匙」。探尋一下電子鑰匙的角落應該會發現一個金屬接縫，從這就可以掏出備用小鑰匙，通常為了美觀，車廠會將鑰匙孔用金屬蓋板隱藏起來，不過通常都離門把非常近，只要有心一定找得到的。

　　2.只開駕駛座車門：「一位路邊停車的駕駛開了車門順手就將包包丟在副駕，然後自己都還沒坐定，不知道從哪裡冒出來的機車雙載同夥開了副駕車門、拿走包包就揚長而去。」過去遙控器都會很一致的開啟／關閉車門，但是類似的社會案件出現後，讓車廠體認到這個安全死角而將電子鑰匙設計成「按一下只開駕駛車門、按兩下才四門全開」。深夜獨自取車的女性駕駛也可以避免尾隨的跟蹤狂藉由開門時機摸上車。

　　3.開後車廂：光顧量販店不買個挑戰車廂容量的規模怎麼對得起自己？推著滿滿的推車拎著衛生紙，光是要找到車鑰匙都不容易了，何況是再空出一隻手拉開後車廂門？許多德系品牌車輛在電子鑰匙上，都配置了後車廂開關，只要長按（或是連按兩下），後車廂門就會自動彈開，就算是推著娃娃車抱著小孩都得心應手，百分之百人性化的設計。不過現在也有以腳感應後車門底盤，控制後車廂門的車款。

　　4.找車／求救：筆者通常停好車離開前都會拍下車位照片，因為我永遠不會記得自己停在那裡！但要是哪天連這個動作都忘了，就只好祭出電子鑰匙背後的小紅鈕讓愛車警鈴大作再尋聲找車。發現可疑人物時也可以按鈕吸引他人注意。

　　5.遙控車內其他功能：例如BMW從七系列開始，在車鑰匙上加裝可觸控的液晶螢幕，車主能夠從車鑰匙控制車內的其他功能，除了開關車門車窗，還能夠開啟空調，甚至操控車輛前進後退等。

（左中圖）特斯拉的車鑰匙本身就是小型的特斯拉模型。

（右中圖）BMW 車鑰匙自七系列起，特別配備了一款 2.2 英寸的液晶螢幕，車主可以從車鑰匙了解車輛狀況與設定車內的溫度等。

第 **2** 章 >>

# 車輛內裝篇

# 方向燈突然中邪了！

很多車子可能都沒有配備方向燈，
因為每天都會碰到不打方向燈的人。

這年頭就算您不開車、不騎車、只搭大眾交通工具，在網路、媒體跟卡提諾狂新聞的強力放送下，都會讓人覺得身邊處處有三寶隨時等著請您吃三寶飯。各位知道根據網路票選，三寶哪一種行為榮登最讓人崩潰抓狂的榜首嗎？那就是「不打方向燈」。常常碰到某些駕駛，好像總是認為其他駕駛人都有心電感應，開車上路想轉就轉，想停就停，帶著此路是我開的狂氣，考驗其他駕駛與用路人的反應時間，讓人恨不得想要舉報讓他考到駕照的駕訓班。撇去這種三寶不談，當然也有可能是方向燈故障了，若是方向燈故障了，以下教導各位如何做方向燈的故障排除。

1.燈泡故障：若您打方向燈時，突然方向燈像中邪一樣快速閃爍、瘋狂搖擺，這時請不用太緊張，一般這種狀況代表的是有方向燈的燈泡燒掉了，通常只要換個燈泡就沒事了。方向燈閃光器的運作與電壓有關，一旦其中一個燈泡掛了，電壓自然會異常、造成閃動速度變快。

2.閃光器故障：另一種情況是，方向燈亮了卻失去一閃一閃亮晶晶的小星星風格，往往駕駛以為打了方向燈，但後車卻根本分不清一直亮著的是方向燈還是改車。通常方向燈只亮不閃是因為閃光器故障，只有通電卻無法斷電，所以不會閃爍。

3.保險絲、繼電器該換了：最後要是完全不亮，根據電影情節通常都是有什麼東西燒掉了；請檢查車上的保險絲盒，看看保險絲是不是「臭灰答」了，然後只要更換相同安培數的保險絲就可以恢復正常。如果上述部分都沒有問題，那就代表該將愛車開到保養廠更換繼電器了。

其他自行改裝造成方向燈座進水或是鏽蝕，也都可能導致電路系統短路或斷電，無論實際上的肇因為何，都別忘了要儘快處理，在抵達維修廠前無燈可用的狀態下，就先使用手勢知會其他用路人，將危險性降到最低，也能讓對方瞭解您沒打方向燈的苦衷。

# (022) 手排、自排、自手排與手自排

究竟是手排還是自排?跟熊貓/貓熊的道理相同嗎?

不知道大家是否跟我一樣,考完手排駕照後就再也沒有開過手排車了,但是對於離合器那種逼人腳抽筋的觸感卻是記憶猶新,手排、自排的差異顯而易見,那手自排跟自手排又是什麼?是同一個東西排版錯誤嗎?解開這個誤會之前,先來瞧瞧手排跟自排的差異。

1.手排vs.自排:從沒開過手排車的人剛開始學習自排車駕駛可能都問過這問題「我左腳又沒事,為什麼不能右腳油門左腳踩煞車?」首先,將右腳從油門移至煞車的反應時間比左腳找到煞車來得快,再者,危急時刻的直覺反應傾向於左右腳一起踩,油門沒有放掉的情況下有暴衝的危險。最後,左腳原來是留給手排的離合器踏板啊!開過手排車的人一定都聽過「重重踩輕輕放」這口訣,手排不僅打檔順序較複雜,還需要在適當時機以適當力道踩離合器,一旦手腳不協調很容易就熄火了。自排車一直線的檔位加上自動切換的變速箱省去踩踏的麻煩,就不難理解為什麼自排車的市佔率會高這麼多啦!

2.自手排vs.手自排:繞口令的時候到了,手自排到底是手排還是自排?是可以上午手排下午自排嗎?不不,這裡我們需要借重一下動物星球頻道的科普知識,貓頭鷹是貓還是鷹?虎鯨是虎還是鯨?以此類推,自手排是手排變速箱,但有自排功能、手自排正好相反。雖說自排的便利性遠高於手排,但手排變速箱具備動力傳遞效率佳、省油等優點,電腦控制離合器、不需腳踩的自手排就問世了。而手自排就是具備手動排檔樂趣的自排變速箱,除了自排必備的D檔還可切換到手排＋(升檔)及－(降檔)模式,讓車輛輸出更大扭力。手自排的車處於轉速紅線區,但駕駛卻沒有換檔時,電腦為了保護變速箱會主動進行換檔,雖然有保留手動換檔的參與感,但主控權還是電腦說了算喔!

# 023 檔位要打對

雖然大家都在一直線上，可不代表能看心情亂打喔！

汽車科技日新月異，自動變速箱也是不斷發展成長，種類繁多，像是AT、CVT、AMT、DSG等。但是不論是哪一種自動變速箱，檔位的順序幾乎都是按照PRNDS的順序排列（AUDI或BMW等車款有例外），之後可能會再增加2檔、L檔、S檔或M檔等等。以下就常見的幾種檔位作介紹。

1. P檔（Parking）／停車檔：顧名思義就是車子完全靜止時要打的檔。還記得「車發不動」那章說過的嗎？檔位處於P檔（或N檔）時車子才能啟動，避免暴衝。特別注意，手自排的車款，千萬別在停車的「過程」中太心急先打P檔，否則自動變速器的機械可能會被拉壞。

2. R檔（Reverse）／倒退：倒車入庫的時候就輪到他出馬啦，記得車子還在行進中時不要急著就強行打入R檔，跟愛車玩「我又前進啦～我又倒退啦～」變速器會痛的。

3. N檔（Neutral）／空檔：跟瑞士有點交情的人可能會發現這個字剛好是中立的意思，聽起來似乎沒什麼個性的空檔既不會前進，也不像P檔會靜止煞車，該什麼時候用它呢？一、遇到長時間暫時停車，例如長達一分鐘、九十秒的紅綠燈時可以先打入N檔拉手煞，讓腳稍事休息。二、不幸需要道路救援請人拖車時。三、雖然現在比較少見了，但使用隧道式自動洗車時也是打空檔唷！

4. D檔（Drive）／前進：行駛的過程中，就屬放在D檔的時間最多，若是在平緩、路況順暢的一般道路上，幾乎只要顧好油門煞車就可以了。

5. 2檔（Second Gear）／低速上坡檔：出門遊山玩水難免遇到挑戰性高的坡道，這時候就要換到2檔獲得更好的前進動力。

6. L檔（Low）／1檔、低速下坡檔：遊戲有關卡，坡度也有緩陡之別，上太魯閣發現2檔上不去，您試過L檔了嗎？在又陡又長的下坡時打L檔可以限制汽車檔位固定在最低檔，此時引擎煞車也將發揮作用，駕駛就不需要死踩煞車導致煞車片過熱，可謂居家旅行、必備良檔。

1.正確停車的方式?

各位可能有聽過停車正確步驟是「D檔先排入N檔,拉手煞車,放腳煞確定車子完全停止後,再排入P檔」的說法,這跟我們一般「D檔排入N檔再排入P檔後,才拉手煞車放腳煞」有什麼差別呢?如果在平地的話,其實差異不大(那選心酸的嗎?)但若是在斜坡停車,強烈建議務必遵照正確的停車步驟。由於P檔停車的原理是用鉤子狀的銷栓卡住駐車齒輪,若是在斜坡上沒有將手煞車拉緊,確定車子完全停止再排入P檔,車輛隨著地心引力(甚至運氣不好被後車親屁股時)的牽引就可能扯壞齒輪。所以比較保險的步驟是:N檔—拉手煞車—放開腳煞車,確定車子沒有滑行後,再排到P檔。其實不會太麻煩,但是安心無價。

2.下坡溜滑梯,打N檔省個油?

現在什麼東西都漲,遇到長下坡反正靠地心引力滑行,排N檔省個油錢也是很合理的吧?不!放開那個N檔!位於D檔時除了動力系統的傳輸外,內部結構的潤滑、散熱也同步運作,可是N檔時就進入佛系狀態,不潤滑、不散熱,時間到了變速箱就過熱了。除此之外,無動力的N檔無緊急應變能力、狂踩煞車又會磨光來令片(嚴重時還可能煞車失靈)。此外,道路交通規則第一○七條:「汽車行經坡道,上坡時不得蛇行前進,下坡時不得將引擎熄火,空檔滑行。」「違者可依道路交通管理處罰條例第五十一條規定,處新臺幣600元以上、1,200元以下罰鍰。」這個總能阻止您下坡排N檔了吧!

3.紅燈那麼久,不如打個P檔休息一下吧!

假日進雪山隧道,大家一起排隊塞車,至少是兩三個小時起跳,或是碰上傳說中超過九十九秒的紅燈,乾脆排到P檔休息一下應該不錯吧!這邊我們來假想個小劇場:紅燈時後方的駕駛也等到注意力渙散,一時不察追撞您的愛車,您打在P檔的銷栓就追不回來了。或是您的注意力渙散,綠燈時手誤直奔R檔,又是一椿道路糾紛了。

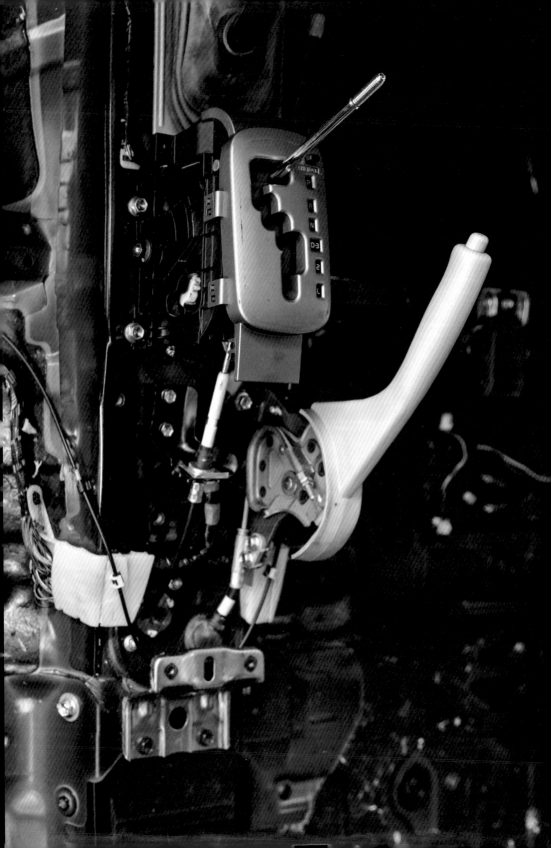

# 排檔桿旁邊的小鈕是什麼？

這個小鈕可不是裝飾，熟了以後很好用的！

由於汽車科技的進步，在排檔附近增加很多按鈕，像是Auto Hold或是電子手煞車等等，不過有兩個鈕各位一定要特別留意，第一個是常設於排檔桿邊緣的O／D檔，另一個是Shift lock（強制排檔）。

O／D檔（Over Drive）又稱為超速檔或超比檔。簡單的說，他其實就是愛車的4檔；O／D檔的優點是能在高速行駛中維持低轉速的狀態（高速公路行駛可能只在2000轉），相對來說省油又降低引擎磨損。不過時速長時間維持在50公里以下，O／D檔反而較沒力，會造成引擎負擔，不過O／D檔主要常見於日產或國產車，加上變速箱的進步，近幾年O／D檔逐漸從新車上消失。

那我怎麼知道O／D檔啥時開著？首先，如果您從來沒碰觸過它，O／D檔應該是一直處於開啟的狀態，按下會看到儀表板上顯示「O／D off」，這時候就代表關閉O／D檔了。至於什麼時候要關掉它？以下就是最常用的三個時機：

1. 超車：高速公路上需要超車時，O／D off從4檔降到3檔可瞬間提升轉速利於超車。

2. 長下坡：利用引擎煞車減速，避免過度踩踏煞車造成過熱。不過若是速度仍然很快還是要切換到2檔、甚至1檔喔！

3. 塞車：由於臺灣地狹人稠、車多擁擠，所以有些人會建議市區行車就O／D off，不過基於對路況不那麼悲觀，加上走高速公路及快速道路機會也滿多的，維持開啟其實比較方便，不過如果是連假返鄉、週末出遊、從金山萬里淡水一路塞回臺北市區的可憐人們，就O／D off吧！檔位此時被限制在3檔內，可避免變速箱不斷地在3、4檔間跳換、造成行駛不穩跟耗油。

Shift lock則是強制解除防暴衝機制的按鈕，自排車有一個安全機制是發動後一定要踩煞車才能從P檔排到其他檔位，可是像是車子沒電，車頭又在車庫牆底，不移動就沒辦法接電時，或是錯估路上的積水，造成車子進水熄火，必須要推車時怎麼辦？這時按下Shift lock就可以強制排到N檔，移動車輛。

這部車的排檔小鈕為 DS 檔，和 O ／ D 檔類似，可以提供更大、更敏捷的動力輸出，方便超車與坡道行駛。

# 026 聽說S檔、P檔比較省油？

S檔不是每台車都有，他有什麼過人之處？
網路上流傳的省油排檔法該信嗎？

在前面介紹檔位的章節時，可能會有部分的捧油發現自己愛車的檔位長得似乎不太一樣，P—R—N—D—咦？S？因為先前介紹的是最大眾、最常見的自排變速箱檔位，而現在的變速箱科技愈來愈發達，愈來愈有創意，今日許多車型具備S檔（Sport），聽起來就相當的血氣方剛，有種切換進去就得跑街道戰的感覺。其實這樣說也沒有不對，切換至S檔時會延遲升檔，轉速拉高的同時帶來更強的動力體驗，愛車駕馭更有「勁道」。那S檔有什麼優點，什麼時候用？

1. 超車時：此時的低檔高扭力可瞬間提升加速性能，在高速超車時提供較佳效能。

2. 爬坡時：S檔的高轉速會讓您在上坡時有種速度更快、油門更敏捷、車子都變輕快了的感覺。

大家最關心的重點來了，既然S檔感覺那麼威？有沒有比較省油啊？很遺憾，高轉速等於高噴油，長時間衝動享受S檔給予的跑車馳騁感，不但很快就要找加油站，引擎長時間高強度負荷升溫，也會比較短命。

「那我排P檔都沒動作總該省油了吧？」相信實事求是的讀者一定非常堅定的想知道，排P檔到底有沒有省到油？值不值得冒這個險？根據筆者找到的《二〇一〇亞東學報—車輛駕駛模式與油耗的關係之研究與分析》這篇期刊的研究報告指出，「怠速不熄火時，D檔的耗油量會比N檔及P檔多，而P檔的耗油量則比N檔約多1.04cc的耗油量。」咦，等等，前一句可以懂，但怠速狀況下P檔竟比N檔耗油？臣妾不能接受！研究者提出的解釋為：「進入P檔時，自動變速箱並未像入N檔時一樣完全分離，而是以制動夾控制，所以油耗稍高但差距不大」。

各位觀眾，流言終結，記得S檔需要時再用，停紅燈時千萬不要排P檔喔！

# 二檔起步傷離合器嗎？

手排已經夠難駕馭，資深車手竟然說他們都二檔起步？

　　這章我們要以手排車的立場來談談起步該選什麼檔位。雖然手排車逐漸式微，但還是有部分族群死忠迷戀手排車的駕馭感。當初考駕照的時候跟老爸爭論「又沒人出手排車了，我考自排就好了吧」「有些車廠還是堅持只做手排變速箱，像Porsche就是喔！」然後我也想不透自己當初怎麼會天真的以為這是個好理由，總之我信了，結果十多年來沒開過手排，而且人事已非，Porsche在二〇一七年上市的911 GT3 RS只搭配PDK雙離合器變速箱。

　　好的，言歸正傳，開過手排車的人一定都清楚記得教練的諄諄教誨「一檔起步、穩定換檔」然後一不小心熄火就換來「嘖」的嘆息及翻到後腦勺的白眼，因此當坊間流傳資深駕駛都以二檔起步時，讚嘆神技之餘也讓人真的很想問「這樣真的可以嗎？」

　　首先，檔位愈低扭力愈大，汽車在完全靜止的狀態下打一檔自然最有力，二檔起步扭力相對較小，離合器控制上難度也更高，但是只要有心（還有技術）還真的發得起來。但是扭力較小的二檔增加了發動機的負擔、更加劇離合器的磨損；高檔位卻搭配低車速，離合器要一直處於半連動的狀態才不會熄火（這部分有點需要意會難以言傳，離合器非常傲嬌的地方就在於聯動還沒卡好時，左腳必須處在一個踩的剛剛好很抽筋的狀態，太早放掉就熄火給您看），油門和離合器沒配合好反而容易耗油。

　　不過，二檔起步還是有可取之處啦！在一些比較嚴苛的氣候或像是雪地、爛泥地等地形，二檔扭矩較小的情況下比較不會造成打滑，起步更加平穩。所以各位可能有聽過一些歐洲車款會以二檔起步，常見於冬天較長，容易積雪的地區。現在有不少進口車附有雪地模式，就是以二檔起步的概念，提早升檔來降低引擎的出力，防止打滑。但為了愛車健康長壽，平常還是一檔起步就好，賞雪、撩妹、叢林泥濘中英雄救美時再使用二檔起步。

## (028) 為什麼有人特愛手排車？

堅持開手排的人究竟愛它哪一點？笑自排車沒當過兵的優越感？

即便市佔率一年低過一年，似乎總有一群死忠粉絲捍衛著手排車的存在，而且根據公路總局的統計資料指出，臺灣在二〇一六年有45%的考生選擇手排駕照，除了自我挑戰的樂趣與拿到駕照後的優越感，顯然多數人對於開手排車還是存有「來日方長、有備無患」的期待，究竟手排車還有什麼優點與魅力，讓這些人不離不棄？

1. 樂趣：每當電影出現主角的帥氣駕駛畫面，87%都一定是手排車俐落進檔、離合器流暢踩放的畫面，畢竟自排車有萬用D檔，這時候拍主角根本沒啥動作，觀眾看了也是一臉問號，所以手排的視覺效果真的沒話說。現實操作上透過排檔桿的操作感受機械零件與齒輪切換的動力回饋，正是VR玩家追求的臨場感啊！

2. 油耗低：手排車的變速結構靠機械性的齒輪接合，動力傳輸比自動變速直接許多。加上自動變速會自動依「適當時機選擇最佳檔位」，市區走走停停的頻繁換檔會造成較多油耗。

3. 維護費低：純機械結構非電子輔助，零件少、運作模式單純，故障率當然也比較低。

4. 工作機會：處在景氣變幻莫測、瞬息萬變的今日社會，職業規劃不見得總是能照著我們的計畫，持有手排車駕照能讓自己多一份特殊技能、擁有更多工作機會。舉例來說，快遞公司UPS將手排駕駛能力列入測驗項目之一，光這點就直接淘汰自排車駕照持有者了。

5. 鍛鍊協調性、維持大腦靈活運轉：這看起來好像扯的有點遠，不過我還真聽過打麻將防老人痴呆這理論，開手排車不僅要時時保持警覺、自行判斷換檔時機，更需要良好的四肢協調性，種種訓練都可常保大腦年輕。

6. 天生防盜：筆者的印象中至少就曾經看過兩次這樣的新聞：「竊賊偷到手排車不會駕駛，無法逃離現場隨即落網」，讓小偷到手後都開不走，可謂最方便的防盜系統！

# (029) 倒車檔可以煞車嗎？

煞車失靈好可怕，利用倒車檔的反作用力可以把車停下來嗎？

Discovery頻道史上，流言終結者是我最喜歡的節目；舉凡都市傳說、生活疑難雜症到影集劇情，只要觀眾想求證的，整個團隊赴湯蹈火用盡炸藥也在所不惜。其中一集的主題是「倒車檔能不能在行進間停住車輛？」乍聽之下好像還真有點邏輯，但您的車也是這麼想的嗎？

答案揭曉啦！時速80公里的狀態下，自排車至少需要二十公尺的煞車距離，但是排入R檔的時候，實驗車義無反顧的一路滑行了六百九十公尺才隨著逐漸耗盡的慣性動能停下來，原因是汽車的安全裝置讓駕駛無法於行進中打入R檔，結果才會像主持搭檔說的「老兄？您打R檔了嗎？看起來您什麼也沒做耶！」那手排車的結果呢？根本打不進R檔，就算主持人使盡蠻力硬拉還是聞風不動，車輛就這樣一路滑出鏡頭外。

這還是平面道路實測的結果，如果今天發生在山路陡坡的話……那麼，要是真的不幸遇到煞車失靈該怎麼自救？

1.降低速檔、放油門：事實上，遇到長下坡路段時就應該養成切換低速檔的好習慣，藉由引擎煞車減緩車速而不是用腳死踩煞車，腳煞失靈的原因，大多都是過熱造成的。山坡路段也因此總是有黃色警示牌提醒駕駛切低速檔，同時每隔一段路程都有煞車失靈緩衝道。

2.開啟汽車應急燈（就是臨停常按的雙閃燈）：為避免大家互相傷害，狀態有異的燈號先秀出來讓大家立刻保持最安全距離、爭取滑行空間避免追撞。

3.拉手煞車：引擎煞車畢竟不是讓車輛完全停止的鎖死機制，若此時車速還是很快，就慢慢一點一點拉起手煞車。

4.最後如果什麼手段都試過、退無可退時，只能讓車身側面摩擦山壁，讓愛車發揮偉大情操拯救大家。

# 為什麼煞車踏板比油門高？

用心體會右腳的觸感，
其實設計上已經很努力避免大家將油門當煞車踩了。

「哪個踏板是油門，哪個是煞車啊？」這個問題大家至少也問過自己一次吧？煞車跟油門的設計有種奇特的微妙感，一開始學車時，眼睛看不到油門煞車，可能還會在心中默念「右油左煞、右油左煞」或是深怕一個橫移就踩錯、甚至兩個一起踩，但實際接觸過後才發現，即便在不需要直視踏板的情況下，我們的右腳總是能夠清楚的區分油門和煞車！原來是因為它們的身材根本是七爺八爺的概念！

油門踏板的位置在右側、形狀細長（有點像電視遙控器）；煞車在油門左側，踏板大小明顯較煞車寬但上下長度比較短（長得有點像一塊橫放的燒餅）而且十分有感的比油門踏板高一點，每次要從油門移往煞車時都要微微的將腳掌提起才能順利踩踏。

這種乍看似乎不太便利、貌似瑕疵的設計其實用心良苦啊！

1.增加辨識度：三圍身高都有明顯差異，就算關了燈也不會認錯。

2.工作強度不一致：油門踏板跟煞車踏板在一般情況下，踩踏的深度不太一樣，正常來說煞車都會大於油門，雖然以上這些建議可能不適用於所有人，但凡事採取最保險的選項，才能夠保障每位駕駛人的行車安全。高度略低的油門踏板在正常坐姿下比較不容易踩到最底（滿油門全速），多少保障了行車安全。而發生需要緊急踩滿煞車的意外時，人體的自然機制為了將力氣完全釋放，用力往下踩前，會下意識抬腿，煞車踏板較高的位置也容易踩好踩滿。

最後小小的溫馨提醒，鞋子也非常非常重要。就算女性朋友是為了重要約會特地穿了性感高跟鞋出征，開車時請務必準備一雙合腳舒適的平底鞋，要赴戰場再換上戰靴，高跟鞋會將腳跟支點抬高，對於所需力道與角度產生嚴重誤判！厚底鞋雖然是平的，但也會混淆踩踏的距離深度，還是別冒這個險。拖鞋看似輕薄方便，就是因為穿脫太方便，要是拖鞋飄移出去的同時，腳也不知道自己身在何處就尷尬了。

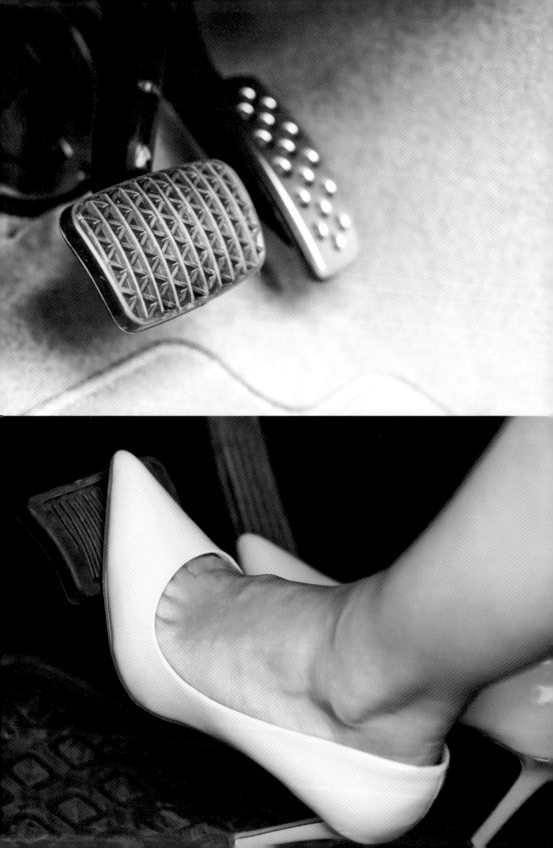

# 右腳油門左腳煞車不行嗎？

我最崇拜宮本武藏了！
反正自排車左腳閒著就踹踹二刀流？

無論科技如何進步、造車工藝多麼精良，直到自動駕駛完全值得信賴、100%零事故前，駕駛的優良駕車習慣始終是預防悲劇的第一道防線。為什麼左腳煞車，右腳油門是不適當的駕車方式？下面三點做個簡單分析：

1.習慣問題：

就算閣下堅持走在世界最前端，堅決從駕訓班到人生最後一輛車都只忠於自排車，我們還是給自己一個小小的、保險性的開手排車的可能性嘛！如果在殭屍橫行的末日之戰好不容易找到一輛可以逃命的車，卻偏偏是手排，而您怎樣都無法將放在煞車上的左腳移到離合器上，不是很囧嗎？

2.本能反應：

先前我們提過，危急的情況會讓人全身肌肉緊繃，使得雙腳同時踩踏油門跟煞車；如果車子配備有煞車優先系統（讓駕駛在油門踩到底的情況下仍然能夠透過煞車將車停下的系統）還好，若無，煞車碟盤會出現裂痕、冒煙、然後他就死（碎）掉了。當然這樣的本能反應是指一般人的狀態，專業的賽車手確實會使用協調的左右腳分別靈活控制油門與煞車，但良心建議這樣的技術還是留給訓練有素的專業人士。

3.煞車反應慢：

不知道大家有沒有研究過自己善用左腳還是右腳？以常理而言，如果右腳使用率較為頻繁，左腳的反應自然會慢一點，加上未踩煞車的狀態下，腳會離開踏板休息，急需煞車時移至踏板需要更長的時間距離。「我一直都有把左腳放在煞車上啊！」但這樣煞車片就會處於長時間輕微磨損，而且兩腳都要維持半懸空也很累啊！

# 換檔撥片怎麼用？

換檔撥片兼具賽車手的帥氣與電玩搖桿的童趣、好酷又好玩，
可是我用得到嗎？

第一次看到換檔撥片這種高科技是在F1的轉播上，當時年紀還小也沒有足夠的汽車專業知識，只顧著看超車跟秒數沒注意太多細節，某一天不知哪來的違和感才想到，「誒，為什麼從來沒看過他們排檔啊？車手在方向盤上都在按什麼啊？」後來讀到詳細分析F1方向盤功能的文章才知道那就是換檔撥片。賽車對於空間重量的精簡完全可以跟超模匹敵，換檔撥片不僅節省空間、在雙手都不需要離開方向盤的狀態下，換檔既便利又迅速，也能更專注於競速。

所以說，當它第一次出現在房車上，我興奮的在內心大吼，幻想自己跟賽車手一樣馳騁疆場的畫面，然後讚嘆三秒後開始思考，一般駕駛會需要用到嗎？自排車通常會需要換檔的時機已經明顯少於手排車，D檔走天下的人（當然建議不要這樣啦！）更會將換檔撥片視為雞肋。究竟換檔撥片只是個虛華的配備還是真有過人之處呢？

換檔撥片除了角色扮演F1賽車手的樂趣之外，下列三個狀態也非常適用：

1.起步：雖然在臺灣遇到冰天雪地的機會不多，但陰雨連天可是兵家常事，在溼滑路面以換檔撥片二檔起步可以達到手排車柔和的扭力輸出效果，而沒有熄火的壓力。

2.坡道路段：遇到長距離的上下坡以換檔撥片限制車輛處於低檔位，上坡有力且下坡有煞車。

3.超車：高速公路行駛中不需要短暫將手與視線離開前方就可以完成降檔，得到即時的動力輸出，安全又迅速。

以上的功能其實善於換檔的車主都可以藉由目前的排檔桿輕鬆達成，換檔撥片最大的差異在於它安置於方向盤上，右手升檔、左手降檔，換檔上動作十分直覺便利，而且可以稍稍強迫習慣單手開車的駕駛將雙手帶回方向盤，多一份安全與保障，習慣的改變往往是從勇於嘗試開始的。

**自排車也有養車磨合期嗎？**
前輩說新車一定要養好，網路上又說沒差，
搞的我都不敢出門了啦！

先來歸納一下養車派建議的新車五「不」：

1.大踩大煞：頻繁的緊急煞車會殘害煞車系統、對底盤及引擎的負擔也相當大，長期磨損下來可能導致煞車力道不足、煞車距離變長，換句話說，真正「緊急」的狀態，煞車反而發揮不了它的實力了。

2.過高（轉）速／過低（轉）速行駛：新車行駛500公里內不超過2200轉，且時速維持在60至70公里／時；500至1000公里時，可以將轉速拉高至2500轉，時速90至100公里／時；1000至1500公里不超過3000轉，時速低於120公里／時即可。而太低的時速與轉速也無法鞭策機件達到所需的磨合強度。

3.定速巡航、一檔到底：道理同上，維持一樣的時速與檔位會剝奪引擎跟變速箱磨合登大人的機會。

4.長／短途行駛：新車剛帶回家就跑長途難免有揠苗助長之虞，引擎一上工就狂操容易造成機件磨損未老先衰。而十公里以內的短距離，引擎內金屬機件還沒有足夠的時間均勻膨脹就熄火會讓磨損不均勻。

5.負載過重：當然，我們了解車子的作用就是遮風擋雨、搭載乘客與貨物，不過要是一開始就滿載冰箱書櫃等各類電器傢俱、或是每趟Uber都載滿四位籃球中鋒，引擎、彈簧跟避震器都會過勞的。

另一派認為不需養車的人主張，出廠前都有做過冷磨合了，現在造車技術也比以前進步，應該不用遵循老觀念。以藍寶堅尼的跑車為例，在蠻牛交到車主手上之前，車廠都會催了又催、催了再催的挑戰引擎極限，確保車主上路的那個moment就能感受它最強大的性能衝擊。確實，兩派主張都有自己的立場。不如我們各退一步，參考「車主手冊」，別怪我老生常談，畢竟不是每一輛車的訴求都是拿到就起飛，今日仍有許多車款清楚註明養車的建議指南。雖然養車看起來綁手綁腳，但熟悉新車的階段凡事加倍謹慎有利行車安全。

**緊握方向盤才能保命？**

危急的時候下意識就想瘋狂轉方向盤嗎？
千萬母湯！握緊定在原位才能自救。

相信看過絕命終結站的人都會有同感，再扯的意外都可能發生！當然誰也不希望自己在這悲劇裡尷尬上一角，但先建立一點認知、讓自己在危機之際能有與死神抗衡的能力總不會是壞事，所以來介紹一下「緊握方向盤」保命的狀況。

1.高速行駛中發生意外：高速公路是一個心機很重的地方，不認識的時候覺得它很有距離感，稍微熟一點後似乎其實滿好相處的，然後哪天心血來潮就一腳把您踢到坑裡「This is highway！」。不難理解很多人認為高速公路比一般道路好開，正常情況下順順開幾乎安逸到讓人想打瞌睡，BUT！魔鬼就是藏在出其不意中，像是超載的貨車瘋狂掉落捆綁不佳急著投奔自由的物品、突然的車禍現場、前車可能精神不佳或是不專心駕駛左右飄移等等。許多人直覺上可能都會認為要瘋狂轉動方向盤逃離現場，但是這個時候強烈建議「握緊方向盤」，同時煞車放慢車速，並按下警示燈，順順地變換車道。由於高速行駛中稍稍動一下方向盤都會讓車身大大偏移，再說危機發生的當下通常無法眼觀四面察覺各方狀態，急著轉方向盤反而可能直擊後方來車或失控原地打轉，所以一定要有保持安全車距的觀念，意外發生時才能有足夠的反應時間，老是喜歡緊咬前車屁股或惡意逼車的駕駛方式非常糟糕。

2.爆胎：車開的好好的，突然傳來一聲巨響，然後車頭就像是被賞巴掌那樣突然偏向一邊，很有可能就是爆胎了。這時千萬不要卯起來跟輪胎蠻幹硬轉方向盤，此時的輪胎跟蝴蝶球一樣難預測，急轉方向盤或大腳煞車都是進入完全失控的捷徑，不要將自己的人生率性的三振出局啊！所以請讓「緊握方向盤」成為您的直覺反應。

前輪爆胎因為直接影響轉向會特別失控，記得握緊方向盤三點與九點鐘方向，同時緩慢減速，慢慢的、冷靜的滑行離開主幹道。後輪爆胎稍微比較好說話一點，一樣握緊方向盤、輕輕的、緩慢的、幾乎呈點狀踩煞車，讓重心往健在的前輪移動，爭取更大機會往安全的地方停車。

# 035 方向盤選液壓還是電動助力？

液壓助力好輕好省力，
汽車業務大力推薦還說只要一根手指就能轉動方向盤！

液壓助力發展了近一個世紀，以機械原理傳遞能量；電子助力相對而言是較新穎的技術，但至今尚未完全取代液壓助力。與其直接宣告誰比較優秀，不如把優缺點攤開來瞧瞧吧！

液壓助力的優點：

1. 技術成熟可靠、製造成本低。

2. 液壓泵由發動機驅動、動力強勁，車再大都適用。

3. 液壓助力與方向盤間完全透過機械串連，經過凹凸不平的路面時會感受明顯震動，方向盤也會因為路況產生對等偏移，路面回饋完整、路感清晰。

缺點：

1. 靠發動機驅動油泵，耗能耗油。

2. 液壓管路結構複雜、閥門數量多，保養維護是一筆支出。

3. 路面回饋同時也是缺點，開過Go－Kart嗎？最初的操控樂趣及滿腔熱血歷經十二分鐘的顛簸與雙手酸麻，很快就被消磨殆盡。

電子助力的優點：

1. 獨立於發動機工作、不消耗發動機燃油，環保節能。

2. 系統體積小、安裝方便。

3. 方向盤手感更輕巧，也可以設定不同程度的路面反饋，更加人性化。

缺點：

1. 電子配件造價成本高。

2. 電動機功率有限，無法運用在噸位較大的車上。

3. 路感不清晰，透過傳感器轉達的反饋仍有誤差存在。

兩者各擅勝場，那為什麼不取雙方優點弄個「電子液壓」？其實還真的有！然而，加入更多電子單元就表示製造、維修成本都會增加，電子系統的穩定性也沒有百年工藝的機械液壓來的可靠，有一好，沒兩好。

# 036 鼓煞與碟煞

怎麼我的煞車跟別部車子的感覺就是不一樣？
因為您們的煞車系統可能真的不同

　　我們對代步車最最最基本的要求就是「跑得動」跟「停得下來」，煞車系統的重要性自然不在話下。

　　說到煞車，「鼓煞」跟「碟煞」這兩個從兩輪時期就時常聽到的名詞究竟有什麼差別？之間又有什麼高下？

　　鼓煞由兩個半月型煞車片跟圓盤狀的煞車鼓組成，因為外觀像鼓而被稱為鼓煞。想像這兩個煞車片組成一個圓形，平常跟煞車鼓、輪胎保持一點間隙（看起來像兩個同心圓），當我們踩下煞車，中央機構連接彈簧將煞車片往外推到與煞車鼓之間沒有空隙，以摩擦力煞車。

　　鼓煞的優點：由於來令片面積大，制動時的力道也有感很多，對於喜歡瞬間停止的駕駛而言安全感十足。另外，身為較早開發出來的煞車系統，技術的門檻要求沒那麼高、製造成本也相對較低。

　　缺點部分：煞車來令片被放在煞車鼓中，導致磨損後的碎片積存在煞車鼓中，久而久之干擾來令片跟煞車鼓的接觸面積、降低煞車效率。散熱性差是另一個致命傷，煞車片跟輪鼓長時間處於煞車情況下；摩擦產生的高溫容易變形，進而造成煞車失靈。

　　碟煞由煞車盤跟煞車鉗組成，外觀就像是西餐buffet裝冷盤的圓形大金屬盤，因為碟狀就很直覺的被稱為碟煞。煞車原理很簡單，就是讓與車輪一起旋轉的煞車盤被煞車鉗夾住降低轉速直到停止。

　　優點基本上就是克服了鼓煞的缺點，碟煞不是密封的系統，磨損產生的碎屑灰塵都可以輕易排出，可開小孔的煞車盤更大大提升散熱效率。

　　然而碟煞從煞車器到煞車管路的製造技術都有較高的要求、磨擦耗損大等特性都反映在成本上，加上需要的煞車液壓比較高，有助力裝置的車輛相對比較適合配置。

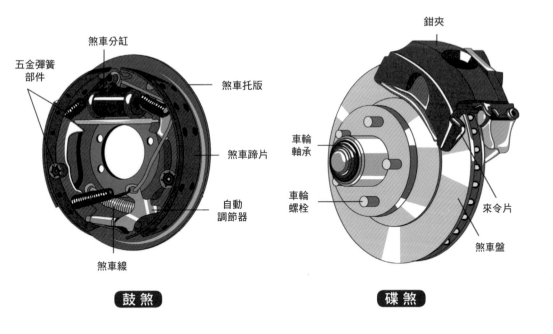

五金彈簧部件

煞車分缸

煞車托版

煞車蹄片

自動調節器

煞車線

鼓 煞

鉗夾

車輪軸承

車輪螺栓

來令片

煞車盤

碟 煞

## 鼓煞的剎車原理

真空助力器

煞車油壓

煞車油管

煞車踏板

制動活塞

煞車主油缸（總部）

煞車蹄片

工作缸

鼓煞系統

## 碟煞的剎車原理

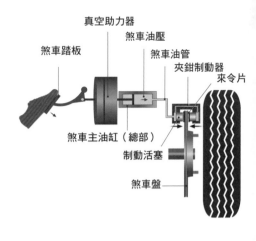

真空助力器

煞車油壓

煞車油管

夾鉗制動器

來令片

煞車踏板

煞車主油缸（總部）

制動活塞

煞車盤

# 車身穩定與循跡控制系統

選配看完預算又不夠買車了,這些簡寫系統的錢乾脆省下來?

因為預算有限、喜好不同,大家選車時難免要犧牲一些選配省一點錢,那麼,討論這兩個系統究竟是不是必備之前,好奇問一下,您有買保險嗎?

還記得ABS嗎?這個防鎖死煞車系統在車速過高、路面溼滑甚至積雪的情況也束手無策,因此精益求精的汽車工業發展出了TCS循跡控制系統及整合EBD、ABS跟TCS的ESC車身穩定系統。

TCS循跡控制系統(Traction Control System):

一言以蔽之,TCS就是一個「不讓您滑」的裝置。透過偵測感應器紀錄、監控驅動輪胎的動靜,只要有一個輪胎的轉速比其他顆來的高、而且高的超過原廠設定值,此時電腦就會介入煞車系統的指揮權、適度進行煞車禁止輪胎打滑,或是乾脆控制引擎的點火時間及出油量,此時動力被迫降低,當然打滑的力道也會大減。

ESC車身穩定系統(Electronic Stability Control):

直接從字面意思來解讀的話,ESC是電子穩定控制,不同於ABS跟TCS專攻特定的功能領域,ESC這個電子程式從被開啟的那一刻就開始整合、計算所有感知器的回饋數值、偵測車輛行駛動態。無論轉向過度或不足,只要貌似失控系統就會介入,看是要限制輪子的轉速、引擎動力、煞車力道等,導正您回到原來的行駛路線。我知道這樣聽起來可能有點抽象,所以強烈推薦大家上網Google「看了這種結果,您還會不選配 ESC/ESP 車身動態穩定系統嗎?」那畫面太精彩不能只有我看到(而且這麼危險的實驗看專業的來就好,在家不要嘗試),配備ESC的廂型車在128公里/時的時速下進行75度的方向盤轉向,不僅沒有翻車,甚至全程留在車道上,那沒有配備ESC的呢?我就不劇透了。

有些人可能會說「所以我開車技術好又謹慎不需要吧!」其實這些安全配備跟保險一樣,希望您永遠不會用到,但是不能不備著,畢竟路上奇葩駕駛跟驚奇意外是猜不透的。

# (038) 照後鏡的防眩光功能
可以讓人這樣閃了又閃、閃了又閃的嗎?

　　小時候看七龍珠的時候從來不覺得太陽拳有多厲害,實際上路遇到開遠燈的後方來車才發現這根本是殺人於無形的第一祕技!如果路況暢通可以閃到其他車道甩掉他就算了,要是遇到塞車,在被後視鏡反射來的強光閃瞎前,也只能先喬個角度放棄它。這種困擾一定不是只有我有,所以才會有人發明了防眩光的照後鏡。

　　1.手動防眩後視鏡:

　　雖然我以前也沒有什麼在認真學物理,不過只要曾經拿鏡子反射陽光燈光打摩斯密碼或亂閃人就知道,透過些微的調整,光線反射的角度即可產生很大的變化。這種手動防眩光鏡片是利用雙反射率的鏡子來抑制強光,覺得刺眼的時候撥動後視鏡下方的調節鈕,鏡面大約偏移10度就可以大大減低後方光線強度。可惜手動有個很大的缺點,就是通常需要他的時候都已經被後方強光攻擊了,加上夜晚視線不佳的狀態,直接逃離可能還比找到按鈕來的安全方便。

　　2.自動防眩目車內後視鏡:

　　這種後視鏡在鏡面後面安裝了光敏二極體,這項光敏原件遇到強光時會施加電壓到鏡面的電離層上讓鏡片顏色加深,整個鏡片顏色都變暗、強光自然就沒有殺傷力了。

　　等等,要是在大白天後照鏡變暗,我怎麼看後面路況?自動防眩光後照鏡最方便的特性在於,它的前後都有感光元件,前方的光感元件可以自行判斷目前環境光線的明暗。換句話說,就算您從白天就按下「Auto」鍵開啟功能,一路上都還是可以正常使用後照鏡、直到夜晚遇到太陽拳時,就會主動為您擋下攻擊。缺點就是價格略高,而且一分錢一分貨,依選擇的不同,價差也滿驚人,不過選配的東西本來就是依據個人的需求來取捨囉!

CHECK SURROUNDINGS FOR SAFETY                    AUTO

# 後照鏡的建議調教

「記得要調好後照鏡再上路喔～」
「什麼？那可以調喔？」「…」

其實我個人並不是很喜歡「三寶」這個名詞，特別是拿老人、女人、老女人來當代名詞還是有失公允（而且重複性也太高，滿滿針對性）。另一方面，不想成為眾矢之的，就要把份內的事做好，從來沒調整後視鏡，甚至不知道可以調，這種就沒得護航了。

三塊後照鏡可以分成兩個部分：分別是正中間的後照鏡與左右兩個後照鏡。

中間的後照鏡調整非常單純，只要畫面內的成像完整的涵蓋後擋風玻璃的影像就妥當了。

左右兩側的話就要來畫幾條線了，分別是上下空間（平行線），天空大約佔鏡面20%至25%。再來是左右空間（垂直線），車身佔鏡面約20%至25%。

坦白說是不是超好記的，後照鏡的功能是要幫您照出視線死角，所以看再多天空跟車身都不會有人從那裡偷襲您的。上方的天空跟內側的車身影像大約佔1／4甚至1／5就足夠。

有些人可能看過「美國專家」建議的嶄新調整模式，也就是左右直接推到最展開，完全不要看到您的車身。這樣的邏輯也是可以理解，道路狀況可以看到愈多愈覺得好棒棒，但是許多駕訓班教練與專業試車手還是建議不要這樣調整，因為在辨認後車與自己的相對距離時，有個車身當作評估的對照還是比較踏實保險一點。而且在停車或會車時，有車身對照更為重要。

最後我其實想不到任何不重視後照鏡的人能拿出來的好理由，如果有人說他怕多看幾面鏡子會分心，請告訴他一九一一年時，一位名叫 Ray Harroun 的賽車手突發奇想放了面小鏡子在車上，他就不用頻頻回頭看對手追上來沒，最後他贏得了這場比賽。後照鏡可以讓您更專注駕駛、並且在更節省時間的狀況下綜覽整體路況。

# (040) 坐後座一定要繫安全帶？
### 後座就是大躺著睡覺～安全帶很礙事耶！

　　二〇一二年時，臺灣某位女藝人因為乘坐後座不願意繫上安全帶而與計程車司機引發口角爭執，事後更演變為偕同行友人痛毆運將至重傷的暴力事件，我記得後來搭計程車時，還遇到幽默的司機在椅背上貼著「後座請繫上安全帶，不想繫也不要揍我」！

　　日本自動車聯盟（JAF）曾經做過實驗，在車內安置四個假人，後座假人分別繫上／未繫上安全帶當作實驗／對照組，車子以溫和愜意的55公里時速直奔牆壁來個深情擁吻，藉此測試假人面臨的反應跟傷害。繫上安全帶的假人很快的就被安全帶的堅強臂膀懷抱在原位，至於沒繫上安全帶的假人先是以臉跟胸口全力擁抱前座以後，再奉獻整條脊椎重傷害車頂。以下資訊提供給數據派參考：評估標準為，傷害系數超過1000=重傷，超過2000=致死；後座未繫安全帶的實驗組數字是破表的2192，前座被飛起來的實驗組從背後二次傷害的假人數值也高達1171。

　　相信這樣沈重的結果已經嚇得各位吃手手了，別忘了，這還不是高速行駛的狀態，如果今天模擬110公里／時的失控撞擊結果、車身跟洗衣機一樣翻滾，乘客不就變成打結衣物了嗎？甚至可能撞破玻璃飛出車外，這樣的案例在高速公路車禍的報導上屢見不鮮。

　　道路交通安全規則第八十九條規定：「駕駛人、前座、小型車後座及大客車車廂為部分或全部無車頂區域之乘客均應繫妥安全帶」，同條例第三十一條規定：「行車行駛於道路上，其駕駛人、前座、或小型車後座乘客未依規定繫安全帶者，處駕駛人新台幣1500元罰鍰」。

　　此外，應該有不少人在購買新車時，會聽到業務跟你介紹車內配置有幾組ISOFIX（International Standards Organization FIX），ISOFIX是歐洲國際標準化的兒童汽車安全座椅固定裝置，並非只是單純使用安全帶固定兒童汽車安全座椅而已，只要挑選適用ISOFIX的兒童汽車安全座椅，就能快速且穩固地安裝好兒童汽車安全座椅，目前多數常見的新車款都有配置ISOFIX。

# 041 天窗實用嗎？

車外大雨車內毛毛雨，選配天窗總被笑為了看星星花冤枉錢？

　　說到天窗這個尊爵、不凡的選配，第一時間想到的好像就是陪誰去看流星雨的偶像劇場景，這表示單身狗就應該這輩子都直接不考慮天窗嗎？其實天窗有些優點只要駕駛一個人懂就夠了。

　　1.透氣降噪：習慣在車上抽菸的人在高速行駛中一定特別有感，每次開窗幾乎都聽不見音樂聲了，根據測試，時速100公里／時，側窗發出的噪音可以達到莎拉波娃的110分貝，開天窗僅僅只有69分貝而已。

　　2.降溫節能：夏天將愛車停在室外大概都要開個十分鐘的冷氣才有人願意上車，這時候如果開天窗配合空調，搭配熱空氣上升的原理就能迅速換氣降溫。

　　3.快速除霧：冬天時車窗緊閉、室內溫差大就會嚴重起霧，防霧裝置效果不太好的時候感覺滿驚悚的。打開天窗能消除溫差，寒風也不會打在臉上。

　　然而，天窗還是讓人有許多疑慮，包括價格昂貴、後續保養麻煩還有漏水的隱憂。嬌貴的天窗比起側窗需要更細心的呵護，簡單幾個保養重點祝福您的天窗永遠不會在雨天時關不緊：

　　1.視路況開啟：決定擁有天窗之後，他就正式成為您愛車最脆弱的一扇窗戶了。路面顛簸的時候建議不要完全打開天窗（或是就不要開了），天窗跟滑軌之間長期碰撞很有機會導致機件變形損壞，順便又撞掉好幾張小朋友。

　　2.定期清潔保養橡膠密封圈：雖然車外暴雨車內淋浴的真相不只一個，但第一嫌疑犯通常就是橡膠疏於保養、老化脆化。若是明明剛換好的密封圈卻會漏水，實際查看發現竟然是開關過程中被掀起移位了，這種情況只要使用滑石粉定期潤滑就可以降低多餘摩擦力。

　　3.清理排水管、潤滑導軌：最容易被無視的兇手就是它。風和日麗開天窗好不愜意，愜意幾個月都沒有留意排水管的清理疏通，沙塵樹葉在裡面發展幸福溫馨的生態系時後，就會往車內排水了。

# 安全氣囊的迷思

有氣囊保護就跟在泡泡足球裡一樣妥當，
可以放手去開沒關係？

　　大家對安全氣囊其實存在一些誤會，首先，它的本名跟安全一咪咪關係也沒有。而是SRS（Supplement Restraint System）輔助約束系統，依其結構常會俗稱Airbag。既然是「輔助」的性質，就表示他必須先符合一些特定條件才能達到輔助約束的作用，以下來介紹幾個安全氣囊可能會造成傷害的情況。

　　1.不繫安全帶：蓬蓬的氣囊讓人聯想到充氣床的舒適感，但前提是乘客要先把自己放在它作用的位置上，騰空飛起的時候氣囊抓不住您，裝七個也不夠。而且安全氣囊是用點火爆炸的原理充氣膨脹，因此溫度很高，如果沒有安全帶拉住您，讓整個身體直接壓在安全氣囊上，有可能造成嚴重的燙傷。

　　2.抱著小孩坐副駕、或是小孩自己坐副駕：看過「攻其不備」這部片嗎？Big Mac為了保護SJ，用肉身擋住炸出的安全氣囊，除了讚嘆他的英勇之外，也別忘了這是個錯誤示範，十二歲以下的小孩骨骼發育尚未完全，可能造成胸部骨折、顱內出血等重傷害。

　　3.副駕氣囊上當置物區：太陽眼鏡、手機……整車都是我的置物架，氣囊充氣彈開的速度可以高達200公里／時，撞擊力約180公斤，這些物品的碎片會瞬間變成傷人手裡劍。

　　除了不當使用造成的效果打折之外，氣囊還有一些多數人不知道的特性：

　　1.不是說爆就爆：氣囊的構成包括感測器、微處理器、氣體發生器和氣囊等物件。氣體發生器收到感測器及微處理器送來的訊號才會點火充氣。也就是說，如果撞擊的速度低（50公里／時以下）、角度偏（感測器沒接收到）、沒繫安全帶（部分車廠設定繫上安全帶才會開啟氣囊），那麼安全氣囊是不會作用的。

　　2.可以關閉：這個開關通常在副駕置物箱右側（打開車門才會看到）。如果副駕沒有乘客，可以將功能鎖上，避免一次性使用的氣囊在碰撞後就浪費掉。

　　3.壽命有限：雖然說氣囊本體沒有使用年限，但是引爆用的火藥經過八至十年的歲月，有受潮失效的風險，加上二手車不確定是不是黑心泡過水的，還是做個檢修吧！

## 手煞車拉法有講究？

手煞車一定要按鈕再拉起來，
放下時先往上提起來一點再按鈕？

　　我知道您看完副標題後一定眉頭深鎖「說中文好嗎？」這裡絕對沒有要跟大家交惡的意思。首先請大家回想，您的機械式手煞前端是不是有個按鈕呢？（電子手煞的同學您走的太前面了，這章先跳過去吧）大家在拉起手煞車停車的時候會不會按下按鈕呢？

　　在沒有按鈕的情況下拉起手煞車會聽到一節一節「喀嗟喀嗟」的聲音，有些人可能會覺得這樣的「異響」不單純，因此就按著鈕拉到底，殊不知在這裡犯下了兩個錯誤！

　　1. 拉起手煞車不需按鈕。「喀嗟喀嗟」聲其實就是要協助辨認手煞車拉起的高度達到百分之多少。

　　2. 手煞車不應該拉好拉滿，大約70%就足夠了。手煞車內部的彈性物質及彈簧如果長時間放在100%緊繃的位置，過度拉伸會失去彈性，久了反而就煞不緊了。根據測試結果，傾斜15度的坡道上將手煞車拉到50%無法完全固定車輛，測試到70%就沒有滑動的問題，即可以停妥車輛又不過分操勞手煞機件，可謂最佳工作點！「那我要怎麼找到這工作點？」因為各車廠的棘輪規格不一致，只能在停車時邊拉手煞車邊聆聽喀嗟聲，依拉到底的總聲響判斷日後要拉多少。

　　那現在我們來處理第二句吧！「放下手煞車的時候要先提起來一點再按鈕？」也許曾經有人遇過這樣慌張的情境：整裝好準備出門去看復仇者聯盟首映的時候，手煞車的按扭怎麼按不下去啊！這樣來不及出門被爆雷怎麼辦啊！這時候先試著往上拉，由於手煞車的棘輪角度是往下卡，這時候稍微往上拉，讓棘輪間產生足夠空間，就壓得下去了。當然，如果手煞車拉滿到100%就會造成此時往後拉的困難，因此「拉手煞車不按按鈕，拉七成就好。放下手煞車時先往上提一點再按下按鈕。」

　　手煞車除了一般手拉款式外，有些車款會做在煞車踏板旁邊，使用踩踏煞車的方式固定車輛。目前有些車款已經捨棄傳統手煞車，改成電子手煞車，雖然還看不出會不會成為趨勢，但是或許未來的車款將再也看不到傳統手煞車的存在。

# 044 原地打方向盤傷車？

一時大意多轉幾次方向盤就被斥責是動力泵浦的兇手，
有這麼嚴重嗎到底？

　　還記得第一次在駕訓班學習路邊停車和倒車入庫的時候教練是怎麼教的嗎？是不是教您要把方向盤向左或向右打死，然後再倒車對準哪一條竿子？那上路之後，您是否有聽過朋友建議您停車時不要把方向盤打死，以免傷車？或是將愛車方向盤打死後，方向盤出現微微抖動或是出現異音讓您驚慌？

　　為了讓駕駛可以藉由方向盤輕鬆駕馭重達一噸多的愛駒，助力轉向系統中的機械性轉向器、轉向控制閥、動力缸活塞，一路到液壓泵，林林總總一共約有十多個零件，默默的協助您完成操控轉向。因此有人認為：「方向盤打的角度愈大，動力油的壓力就愈高，所以打到底會損傷液壓動力泵」。

　　但是華生，這裡有個盲點。機械動力的力道大小是與「轉動幅度」（角速度）正相關，換句話說，只有轉動的時候才會提供動力，方向盤打死的當下，液壓泵是空轉的，自然沒有壓力升高的問題。此外，比起大角度轉到底，快速轉動方向盤帶來的壓力還更大。車廠在測試過程中也有想到要防止轉動力矩太大傷害到油泵，因此液壓系統中都有裝置安全閥來限制最高壓力，所以方向盤打到死並不會立即損壞液壓泵。

　　那我可以卯起來原地狂打方向盤練停車囉？ 不是的，不要因為動力泵浦沒事就忽略輪胎跟懸吊系統的心情啊！車輛沒有移動的情況下轉方向盤，就表示輪胎持續使用同一面在摩擦地板，這時候只有甩尾燒胎的效果卻沒有甩尾的帥啊！靜止狀態方向盤打到底時會讓懸架承擔的重量有所偏移、造成慢性損傷。

　　不過大家也別因噎廢食，綜觀總體駕駛時間，原地把方向盤打死的頻率並不高且時間也短，新手時期為了把車停妥停正，難免會需要將方向盤打到死，等到技術熟練人車一體後，就會知道如何一邊移動一邊打方向盤。若是真的很擔心，保養時可以請車廠特別檢查。照道理來說，一般情況下，高壓管會比液壓泵更早出現問題。

第3章 >>

# 車輛外部
# 元件篇

**045 汽車玻璃上的小黑點**
玻璃邊邊有一圈跟相框一樣圍起來的小點點們，
不喜歡的話可以刮掉嗎？

細心觀察過擋風玻璃跟車窗的車主可能會注意到，玻璃四周跟照後鏡後面有漸層原點，長得滿像是漫畫上的網點。這個長得就像裝飾的東西不見得符合所有人的美學標準，但是千萬別因為看不順眼就想把它摳掉撕掉拆掉，這東西是很重要的。

1.遮擋陽光：曾在日出日落時開車的人一定有這樣的經驗，這個時段的光線因為日照角度的關係，簡直就像拿檯燈問您要不要吃豬排飯的刑警一樣，強光直線攻擊視線只有危險而已。這時候後照鏡後方玻璃上的小點點們可以協助過濾刺眼光源，保障駕駛行車安全。

2.保護玻璃：經過長時間的陽光曝曬（尤其是將車停在夏季室外停車場），車窗四周的玻璃會隨著金屬邊框升溫而吸熱膨脹。問題來了，車窗中間的玻璃透光，光源輕輕的來不留下一絲熱量，與此同時邊框持續吸熱，會造成玻璃膨脹不均，最嚴重的情況是非常戲劇化的爆裂。小圓黑點這時候扮演的角色是「過渡熱量」，將邊框跟固定膠條吸收的熱量循序漸進的擷取一些過來、分散到其他黑點，以此避免受熱點集中在同一點獨自承擔。表面溫度均勻後，爆破的危險性自然降低了。

3.裝飾作用：是的，美觀還是有他的必要性，如果閒著沒事巡視一下停車場的不同車款，眼尖的您會發現，並不是所有的「網點」都是原點狀，根據風格不同有波浪、鋸齒、回力鏢等，除了前一項提到的散熱功能之外，環繞車窗這一圈的黑邊可以遮住固定車窗的玻璃膠，變得有如濾鏡般柔焦又美觀。

車上許多細節都是經過無數計算與實驗，才打造出這位穠纖合度的美人，因此在對您的愛車進行任何改造跟刪減之前，還是先了解一下每個小環節的存在意義吧！

# 046 三角窗的功用

這個又小又不能打開的窗戶根本雞肋，
為什麼還是普遍出現在汽車設計上？

　　三角窗在五〇年代出生的時候，設計為可以開啟的透氣窗，豐田汽車在六〇年代時甚至還出了電動款的，不過很遺憾，空調跟天窗問世之後，開窗效率不怎麼好，還有吵人風切聲的三角窗就再也沒被翻牌，直接打入冷宮了。

　　這時候您一定會問，那為什麼三角窗還存在？是這樣的，其實這扇小小的窗子關著的時候比開著更有用喔！

　　1.視線盲區：還記得A柱盲區吧？今日車體結構愈做愈堅固、A柱也長的愈來愈壯，盲區也跟著變大，多了三角窗的設計，視野空間可增加約30%的幅度，自然可以減少因為視線死角而造成的意外悲劇。

　　2.視野採光：車後也有一個三角窗，位置就在C柱下，雖然車輛的幽閉恐懼遠低於機艙，但是能夠提供更好的乘坐體驗，是車廠努力的目標（要宣傳也有更多話術可以用），後三角窗的設計能夠優化視野、提供更多採光，營造絕佳的空間感。

　　3.玻璃升降：藉由三角窗的分割，車窗玻璃需要升降的大小形狀都變得單純，不但減少車窗的製造難度、升降也會變得更加平穩。後三角窗同時也解決了部分車窗做的特長的SUV車款車窗無法整面下降的問題（降下來就降到車輪上了），固定式的後三角窗設計，保留採光視野空間，也不影響後車窗正常升降。

　　那沒有三角窗的車怎麼辦？由於車門內的結構跟線束的配置、成本等各種考量，部分車款設計上沒有配置三角窗，這時候駕駛也可以選擇在車子兩側安裝行車紀錄器來克服盲區的問題，行車記錄器的功能不僅只是有備無患紀錄行車狀況，還可以擴展視野、瞻前顧後。

　　還是老話一句，沒有什麼車款是絕對完美的，選擇最適合自己需求，然後補足所需安全性配備，就是好車。

# 047 汽車隔熱膜

選購隔熱膜很簡單，
叫店家把顏色最深的都擺出來就對了……嗎？

　　介紹不同的隔熱膜之前，有個誤會一定要先出來面對——並不是顏色愈深的隔熱膜隔熱效果就愈好！透光度（視線清晰度）與紅外線阻隔度（阻隔熱源）並沒有正相關，清晰透明的隔熱膜效果可能還比黑漆漆的品項有更好的隔熱效果。

　　所有隔熱紙的作用原理基本上都是反射、吸收、穿透、散射，但是根據材質不同產生的比例（效果）也有所差異，市面上常見的三種類型如下：

　　1.金屬膜：金屬膜反射率優於其他材質，但最大的缺點是容易造成電子設備訊號的阻隔及干擾，就算不是每秒幾千萬上下需要時時刻刻查看訊息的人，乘客不能滑手機看IG多半也會怨聲連連，更重要的是，連eTag都被干擾時就得貼在車窗外了。

　　2.陶瓷膜：為因應這電子化的新時代，「非金屬隔熱膜」誕生啦！製成的物理材料主要是陶瓷，特色是隔熱效果與金屬膜差不多、也不會干擾電子訊號。技術研發初期主要使用「氮化鈦」和「氧化錫銻」（ATO）兩種材料。兩者效果都不錯，但是氮化鈦遇熱會白霧化，影響行車視線安全，ATO 則成為今日仍廣為使用的材料。

　　3.藥水膜：非金屬隔熱膜為同時保有良好的清晰度跟隔熱效能，技術門檻自然很高，加上高成本在推銷上很容易形成阻力。因此投機商人反應真的很快，使用紅外線吸收劑來鑽測試的漏洞。相較於金屬／陶瓷奈米等級的顆粒，薄薄一層紅外線吸收劑塗料測試一次之後就會嚴重退化劣化，數據乍看很漂亮，再照一次就現出原形了。

　　實際選購時通常沒那個儀器，或是店家通常也沒那個耐心讓您一一測試，不用擔心，網路上有非常多熱心的前人做好精美詳細的實測記錄，稍稍做個功課，指定想要的品項就不用聽銷售人員唬爛了。

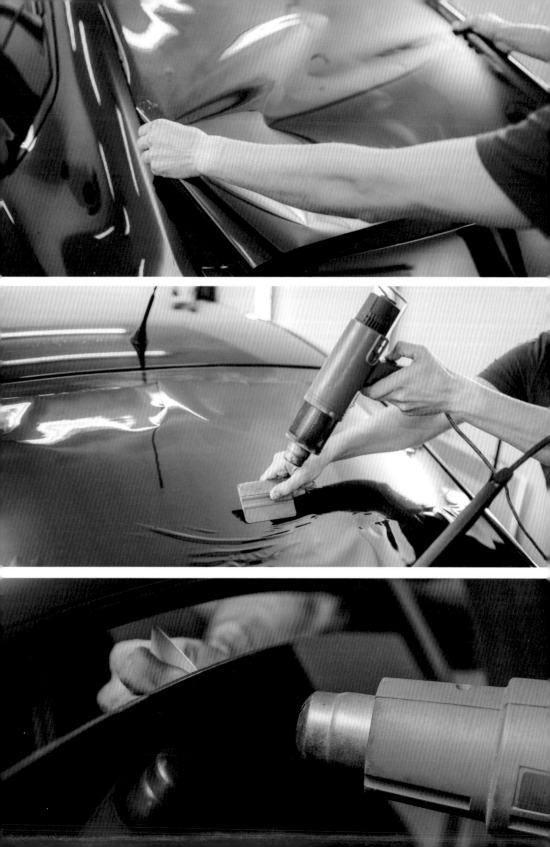

# 048 換輪胎要注意的事項

輪胎這麼單純的東西不是看哪個扁了平了、胎來就換嗎？
沒那麼簡單……

這麼多篇過去，也差不多是時候了解一下大家最有機會DIY更換的耗材——輪胎。輪胎就像一雙好鞋，守護著乘客的安全，所以球鞋買了一雙再一雙也是很合理的事嘛！不過，有幾件小事在裝上新輪胎之前必須跟您說。

1.一定要四顆一起換：大家總是很擔心遇到黑心維修師傅開公道價八萬一還要您四顆全換，究竟有沒有道理？當然價錢不能接受，不過如果里程數超過五萬公里，就算只有一顆輪胎壞了，其他幾顆的磨損狀況可能也差不多。如果因為意外爆胎，胎紋也都夠深，建議至少換兩個，確保胎紋深淺一致。新胎會建議放在「後輪」！前輪發生打滑時多少還能勉強控制方向，後輪打滑可是會一路甩尾到東京的。

2.生產日期：輪胎上有些看起來很深奧的DOT－XXXX密碼文字，前三組英文字可能會因為廠商不同而有差異，所以我們只要認識在他們後面獨立圈起來的四個數字就好。前兩個數字代表該年第幾週生產，後面兩個代表年份；舉例來說，1018就是二○一八年第十週（三月）製造的。

3.胎毛：您也許會說，「可是現在偽造的東西這麼多，如果他是翻新假貨怎麼辦？」這有一招，原廠新胎上面都會有很多胎毛，行駛五公里後就會漸漸消失，由於無法偽造，可以拿來當作很好的辨認基準。

4.磨損程度：磨損的輪胎該換，但是到底磨到多少是極限？我看不出來1.6mm是多少啊！很多廠商在輪胎側面貼心的做了▲符號（米其林是米其林寶寶），圖案磨損後就表示該換了。另一個更簡便的工具是十元硬幣，將十元硬幣放入胎紋溝槽，如果可以蓋住蔣公衣領就沒問題，要是什麼都沒遮住，這輪胎也留不住了。

5.輪胎上的紅、黃點：輪胎上空心的黃點與實心紅點有什麼特殊作用嗎？紅點是轉動一圈時震動最大的點，黃點是全圓周最輕的地方，兩個點正對時，彼此可以達到互補作用使輪胎平衡。

# 輪胎中釘或卡小石子怎麼辦？

有些輪胎斑駁的跟打過仗一樣，
是說上面卡一堆東西可以放著不管嗎？

您也知道臺灣的路面除了不平之外，更是危機四伏，小石頭、鐵釘、寶特瓶、鐵鋁罐、飛出來的安全帽（我真的遇過），都有機會在路上碰到。如果不幸中獎了，該不該立馬處理？關於小石頭跟釘子這邊要分開來討論。

1.小石子要清除：愛車剛買回來的時候，經過沙土飛揚的地方都會超心疼的，三天兩頭就想幫他洗個澡維持光鮮亮麗，不過輪胎的清潔有時比輪胎還重要。即便不是每天在產業道路走跳，時間久了難免會卡一些小石頭在胎紋裡面，短時間看不出威脅性，發現的時候就嚴重了。胎紋的存在就是負責輪胎排水，增加抓地力，今天要是被石頭卡死死，變得跟滑溜的光頭胎一樣，您說多危險？不同大小的石頭長時間而持續的擠壓磨損，在您的輪胎上玩您追我跑，也可能會折壽爆胎的。

2.釘子不要急著拔：BBC的福爾摩斯在華生婚禮那一集探討某個找不到兇手與兇器的案件，原來真相是兇手將刺針固定在被害者的腰帶上，繫上腰帶時就已經完成暗殺的動作，但是因為腰帶的壓力暫時痲痺疼痛感同時達到止血的效果，被害者回到獨自一人的房間、脫下腰帶後才大量出血，完成偽密室殺人。釘子扎進輪胎也是同樣的狀況，瞬間塞住破洞，這時候要是急著拔除反而會造成嚴重的漏氣。

當然，最理想的處理方式還是在安全的交通狀況下換上備胎，如果車上就是不允許保留一個備胎的空間，或是對於自行換胎真的有困難，也不介意備些小東西在車上的話，可以考慮準備補胎液，當然無法完美處理輪胎問題，但總是能為您多爭取一些時間，找到最近的修車廠。若漏氣聲實在太明顯時還是不要冒險，原地等待救援吧！

# 適當的車胎胎壓？

聽說胎壓打高一點，開起來就像漫步在雲端還很省油？

　　有件事說起來滿奇妙的，大家都很討厭轉發氾濫又不求證的長輩文，可是只要跟省錢省油相關的偏方一樣趨之若鶩、不能只有我沒跟到先試了再說，這章要說說的都市傳說就是「聽說胎壓高會省油？」。

　　1.胎壓過低：不知道大家有沒有騎過輪胎沒氣的腳踏車？感覺就像是輪胎液化死命抱著地板，只有累死人的難踩而已。因為胎壓低，輪胎與地面接觸面積變得太大（摩擦力跟著加劇），想當然一定耗油的。除了增加油耗之外，胎內溫度不正常升高、胎側變形老化、減少使用壽命還可能造成爆胎的風險。

　　2.胎壓過高：胎壓低問題這麼大，那我卯起來打到它鼓鼓的總沒錯吧？首先，油耗確實會減少，但是母湯！不要這樣做！以下缺點不值得省那個油錢：

　　（1）胎壓過高時接觸地面的面積變小，車身跳動感加劇，犧牲舒適性，路面回饋也有誤差。

　　（2）摩擦力變小，所需煞車距離變長。

　　（3）輪胎沒有完整接觸地面，會讓中心部分磨損加劇，最後輪胎夭折，一樣沒省到錢。

　　（4）炎熱夏季時，胎內氣體膨脹，壓力已經在偏高正常值，再加壓幾乎等於鼓勵爆胎。

　　3.檢查胎壓：現在您已經知道將胎壓維持在正常值的重要性了，那標準胎壓怎麼看？哪裡有？試試這四個地方：（1）車主使用手冊（2）駕駛座車門、B柱周圍標籤（3）駕駛座旁邊的抽屜（4）油箱蓋。針對環肥燕瘦不同車型，胎壓要依據車輛上的標準胎壓為基準，除非已經不是原廠胎配置，這時候就要參考輪胎表示的胎壓值做設定才行。

　　雖然加油站都有氣泵的胎壓計，但是考量這些公共財很可能受過敲擊碾壓等各種影響精確度的摧殘，投資一個胎壓計（而且也不難買）是值得的。

# 051 車胎打氮氣比空氣好嗎？

給愛車最好的，一級方程式用的東西我都要比照辦理。

　　身邊朋友陸續當起爸媽之後花錢都超不手軟的，什麼都要給小朋友最好最新最高檔，相信很多人也是這樣照顧自己的愛車，所以將原先使用在飛機、太空梭跟F1的純氮氣填充也拿來供養愛車。不過空氣中本來就有78%的氮氣了，純氮會有那麼大的差別嗎？真的有那個必要嗎？

　　下結論之前，先跟大家分享幾個優點：

　　1.降低爆胎機率：爆胎的發生條件包括高速行駛與緊急煞車等劇烈操控，加上夏季高溫導致胎內氣體上升、胎壓增高最容易出事。氮氣可靠的地方在於它膨脹係數低，高溫的時候胎壓也不至於狂飆，升溫慢、熱傳導低，輪胎聚熱相對慢也就比較不怕磨損。

　　2.提高行車穩定性：身為惰性氣體的代表人物，氮氣連滲透輪胎壁的意願都比空氣低了30%至40%，因此可以幫助胎壓維持更長時間的正常。根據巴西的實驗結果（前提是沒有針扎的情況），充純氮氣的輪胎可以行駛五萬公里還不需要補氣。氮氣連聲音傳導都懶惰到只有空氣的1／5，行車寧靜度大幅增加。

　　3.延長輪胎壽命：氮氣就是一個很佛系的存在，不反應、變化，時候到了再補氣，摒除了一般空氣那1%誰知道是什麼的超多不穩定氣體後，穩定的胎壓降低了不規則的磨損。另外，既然純氮氣不含氧，輪胎內部氧化速度當然跟樹懶一樣慢，輪圈也更難生鏽。根據美國實驗結果，充純氮氣的輪胎可比充空氣的多行駛26%的里程數。

　　氮氣感覺這麼威，那大家以後應該都非它不充嘍？我自己是不考慮啦！「那您前面那些是説心酸的嗎？」氮氣確實有其優點，但是一般人的行車習慣並沒有達到賽車手的強度，輪胎除了氣體之外還是有很多其他因素要考量（行駛路面、輪胎材質、氣候等等），把錢省下來乖乖定檢就很足夠。

# 052 車輪異響不可無視
車輪莫名發怪聲不放在眼裡，
就像女友說沒事，您還真的繼續打LOL一樣致命！

家裏有毛孩的人一定都懂，明明我就可以跟他們溝通，其他人卻都只覺得我們很有事。情感溝通往往是不需要精確言語的，只要抑揚頓挫、沙啞低沈、急促高亢的細微變化都足夠辨認他們想表達的情緒，所以輪胎只要有怪聲，您一定聽得出來。

1.金屬摩擦聲：橡膠製的輪胎竟然發出堪比恐怖片的尖銳尖叫聲，就算不是專家也會眉頭一皺覺得不單純。如果行駛中比較不明顯，煞車時夭壽大聲，沒意外就是煞車片該換了。

2.「噠噠」聲：「我噠噠的馬蹄是個美麗的錯誤，我不是歸人，是顆石頭。」還記得我們提過有小石子卡在輪胎上一定要摳掉，阻止它影響抓地力又默默磨損輪胎對吧？今天這顆異物都大到發出聲音了還不停車處理？

3.「咕嚕咕嚕」聲：「My precious～」不是咕嚕的聲音，是一種輪胎突然角色扮演起馬車走在古代道路的聲音，有種一直輾壓到東西的不清爽感，最糟的是方向盤也跟著有點茫，會不受控的忽左忽右。符合以上條件，您的輪胎就已經磨損過頭了！這聲音是輪胎表面磨損、胎冠損壞脫落的徵兆，必須速速更換輪胎或輪圈。

4.「嗡嗡」聲：今天如果在高速公路行駛，這聲音還能一路跟上您的話，他不是騎著蟻后的蟻人就是黃蜂女，先來個自拍再說啊！好啦，嗡嗡聲不能開玩笑，很可能是車輪軸承故障，要盡快檢查維修。

5.「哐噹哐噹」聲：要是在加速、轉向的時候格外明顯，八成是螺栓鬆了。

6.就是大聲：如果輪胎的聲音接觸地面的煞車、彈跳的音色還算合理，但就是不知道在大聲什麼，路面回饋有點大、方向盤卻輕飄飄的，胎壓過高通常就是犯人。

輪胎是第一線的工作人員，他一旦有個不測都可能引發嚴重的後果，千萬不要忽視它發出的訊息啊！

# 實心輪胎與防爆胎

空心輪胎會爆,那幹嘛不換實心胎就好?
或是一勞永逸的「防爆」胎?

實心胎的出現其實比空心胎還早,而且因為耐磨、荷重強又不需要顧慮胎壓漏氣,今日的運鈔車、防暴車、工程車等特殊用途車都還是採用實心胎。

那為什麼實心胎在一般車輛的廣泛使用上會被空心胎取代?當然是因為它有幾個決定性的缺點:

1.油耗增加:既然是實心的,當然比空心輪胎重好幾倍,重就會耗能耗油,而且即便製造成本低,但因為實心,單價也比空心輪胎更高。

2.舒適度降低:空心輪胎的彈性有一定的避震效果,反觀實心胎永遠會將每一波震動、每一次顛簸鉅細靡遺的完整傳達,為您每一次的駕駛帶來動感十足的4D體驗。

3.碎裂風險:實心胎沒有爆胎的隱憂,但是會裂開。爆胎常常是因為高速駕駛導致輪胎升溫劇烈而導致。實心胎高速摧殘下,來不及恢復原形,不斷累積的壓力熱源會在胎體上形成駐波,然後就裂掉了。

防爆胎永遠不會爆嗎?首先我們先正名一下,防爆胎的本名叫做RSC（RUN STABILITY CONTROL）也就是「失壓續跑胎」。RSC跟一般輪胎的差別是輪胎壁加厚強固,在輪胎破損後依然能夠維持一段時間的形狀與支撐性,說穿了就是它一樣會爆,但是爆了之後不會馬上失控,而是保護您正常行駛直到維修廠。

RSC有幾個小缺點,跟大家分享一下做個參考:

1.舒適性低:這其實跟實心輪胎同理,輪胎厚實,乘客的肌肉也會跟著酸痛僵硬。

2.噪音大:一樣是厚硬胎壁無法避免的原罪。

3.維修成本高:由於補胎方式較特殊,一旦有損傷很容易得到「那就換個新的嘛」這類回應。就算真的有辦法補,開銷上還是會讓您少吃幾頓大餐。

# 換備胎DIY

「我好像根本沒有備胎跟工具？」
沒意外的話，他們一直默默躺在您的後車廂喔！

很多人可能從來都沒有想嘗試自己動手換備胎的意願，不過就跟開車一樣，學好相關知識、實際上路之後就會發現其實沒那麼難的。再說，如果是停在前不著村後不著店的地方，還是靠自己比較實在。

1.做好安全措施：可以在安全的地方換胎當然是最好，但是難免會遇上路邊甚至路肩的緊急狀況（但鬆軟地面跟斜坡萬萬不可），務必開啟危險警告燈、車後放上三角警示錐（距離夠遠非常重要，快速道路要與車輛距離100公尺以上），如果有螢光背心可以穿上更好。

2.P檔拉手煞車：要換輪胎，車子卻自己跑掉有點太尷尬（又不是打針），停妥車輛之後，可以再拿一些石頭或磚塊放在輪胎前後。

3.固定千斤頂：擺放的位置絕對不能馬虎，在車底隨便選個地方放，塑料就隨便頂隨便破了，正確擺放位置通常在車主手冊跟千斤頂的說明書上都有，今日許多款車還貼心的在前輪罩後方標示了刻痕記號。

4.打開車輪蓋、鬆開螺母：這時候只要扳手逆時針稍微鬆開即可，還不需要整個轉下來。

5.轉動千斤頂：最累就這個步驟。抽動／轉動（取決於款式）千斤頂，將車輛抬離地面到可以換胎。

6.卸下輪胎：將螺帽逆時針轉到底一個一個拿下來，卸下輪胎。

7.裝上備胎：輪圈跟車輪螺栓對齊以後，先把四個螺母都固定上去（大約轉個一圈），再以對角線的順序鎖緊比較不會歪掉。

最後確認都有鎖緊、移走舊胎、千斤頂、固定的石頭跟警示錐，新技能成就解鎖！

對了，有些人因為平常沒有注意，若非外掛式備胎，急用時反而不知道車子的備胎在哪。備胎一般會放置在後車廂，若是沒看到，可以注意一下後車廂是否有夾層，只要挪開隔板就能看到了，若還是沒看到，則可能藏在車子的底盤。至於Benz或BMW的車主就別找了，因為已經不提供備胎了。

# 輪圈愈大愈好？

大就是王道：手機、牛排、連哥吉拉都等比級數成長，
輪圈也應該愈大愈好？

說到大輪圈，可能有買過新車的人都知道，通常只有尊爵版以上的車款才會特別加大輪圈，加上嘻哈音樂的渲染，所以有些人會有大輪圈等於高檔的印象。

大輪圈真的好嗎？我們來分析一下。

1.舒適性低：解釋舒適性降低的原因要認識一下扁平比；輪圈加大、輪眉（輪胎以上，弧形的框框）尺寸不可能改變的情況下，輪胎的可以分到的房間自然就變小，而這圈輪胎空間就是扁平比。較大輪圈搭配扁平比低的輪胎會犧牲原始輪胎的減震力，車輪承受的震動也是加倍奉還到乘客身上。

2.煞車距離變長：輪圈大常常會給人性能高的想像，雖然開起來會更穩、過彎更輕盈，但是輪胎和輪圈大小會直接影響慣性，慣性變大後就更不容易把車停下來了。

3.爆胎：低扁平比的薄胎對抗外界傷害的能力想必較弱，行經路況不佳的地面（例如常常修路、永遠鋪不平的臺灣）很容易發生鼓包，運氣不好壓到尖銳物品就爆胎了。

4.耗油：扁平比低的輪胎因為跟地面的接觸面積大、摩擦阻力大，加上輪圈變大變重、牽引他需要耗費更大的力氣，油耗就少不了。

5.超速隱憂：還記得我們說過時速表沒想像中準的問題吧？輪圈變大的同時，運動周長也變大，簡單的說，透過計算公式回傳到時速表上面的速度應該會「低於」實際車速，不注意罰單就來了。

難道大輪圈毫無可取之處嗎？當然是有的，對於注重汽車運動性能的跑車玩家而言，操控性考量肯定是大於舒適性。大輪圈搭配低扁平比輪胎會降低車輛轉彎時的橫向擺動，不但過彎更加穩健，輪胎對路面反應、回饋更靈敏，駕駛上的操控樂趣也是大大加分。

# 動平衡與四輪定位

「四輪定位」聽起來就是要把車輪擺正，
所以這兩個是同一回事嗎？

如果要以一句話區分動平衡與四輪定位的不同，應該就是「動平衡看單一輪胎平均與否，四輪定位則要透過專業儀器檢測四個輪胎的角度數值」。

由於車輪形狀在製造上想達成各部分質量平均分佈有頗高的難度，輪胎、輪圈組成的車輪畢竟不是一體成型的物件，高速運轉的時候就很容易失控。但是不用緊張，每輛車在出廠時都會很負責的做好動平衡測試，藉由加重的方法校正輪胎不均勻的重量。那什麼時候會需要做動平衡？

1.方向盤嚴重抖動時：經過長途的行駛，輪胎的「動平衡配重塊」很可能有脫落的風險，畢竟臺灣的路那麼「平整」。

2.更換或維修過輪胎：新的輪胎交情不深當然要好好探個底，維修過的輪胎則是因為補胎等等過程也可能改變原先平衡。

3.車輪受過撞擊：就算只是小擦撞，平衡也可能大偏差，還是看看求心安。

四輪定位的過程則跟健康檢查一樣複雜繁瑣，如果店家沒有照標準流程逐一檢查，還以通用數據「差不多」的調校，這好像丟錢到黑心醫美診所。標準流程會確認維修方向、檢查底盤然後安裝設備，檢測設備的螢幕上有滿滿不下十四個數據，包含車輪轉向角度、後輪外傾、前輪外傾斜等許多專有名詞，白話一點就是要將您內八、外八、骨盆不正、脊椎側彎的問題逐一調整到正常值。那什麼情況需要四輪定位？

1.車輛醉了走不直。

2.車輛明明走直的，方向盤卻是歪的，或是方向盤變重／輕。

3.更換轉向系統或零件。

4.更換／調整懸吊系統。

5.輪胎不正常偏磨（只有外／內側一邊磨損）。

6.事故發生後。

# 057 車子鈑金愈厚愈安全？

「社會在走，鈑金厚度要有」是購車安全性考量的首要指標？

　　二〇一六年台中東海商圈一起「BMW大7 vs. Altis」的社會新聞讓網友一片譁然，除了盛讚保護妻小的最強老爸不畏屁孩道路霸凌、更為BMW740的鈑金強度驚豔不已。當然，我們都希望愛車能跟裝甲車一樣守護家人，但是鈑金最厚，安全性真的最高嗎？

　　高中時曾經在某個十字路口目擊Volvo跟Honda Civic的擦撞，一開始的角度只有看到Volvo車頭掉了一點點漆，心裡才想說「根本沒什麼事嘛」，然後就看到喜美凹進去的車頭！「不就還好有先看到屁股，不然我還真認不出來您哪位！」市場公認最安全、我每次看到都會想敬禮的Volvo無疑是鈑金浩克。

　　不過，這十幾年來，材料與技術的進步已經能夠做出安全性高卻更輕更薄的高張力鋼板。另外值得注意的是，比起一昧講究車體周遭的鈑金厚度，車體A、B柱連結至車頂「籠形結構」的完整剛強才是保護乘客的重要支柱；反而過去印象中應該要首當其衝、跟破冰船一樣堅硬的前大樑，採用張力係數低的鋼板作為吸收撞擊力的潰縮區，讓車內乘客的傷害降到最低。潰縮區還有一項特殊用意是避免意外發生時對遭受撞擊的行人造成太大傷害。所以有時新聞上看到貴鬆鬆的跑車出車禍，車頭撞凹到幾乎不見，往往都會有一種「撞的很嚴重」的感覺，事實上是因為這些跑車採用「車體潰縮設計」的關係，犧牲車子來保護駕駛人。像法拉利的車體採用菱形結構設計，撞擊時可以分散撞擊力道，將撞擊力引導到車身兩側，同時車身潰縮到駕駛艙左右的位置，以保護駕駛人。

　　BMW740樂勝Altis這個事件自然是鈑金厚度的PK，但是就此將鈑金厚度與安全性劃上等號，還是稍微草率了一點。真正的事故現場還有高速、危險駕駛、險惡路況等更多不可測因素，可不是這兩輛車30公里／時釘孤枝這麼單純的事。

　　保障車輛安全性也依賴許多輔助裝置的相輔相成，防鎖死煞車系統（ABS）、循跡防滑系統（TRC）、電子穩定系統（ESP）、安全氣囊（SRS）都是購入車款之前必須考量評估的標準配備，也想呼籲一下各車商，「安全不該是選配」，最後不能忘記安全帶一定要繫上。

# 排氣管也能水火同源

關仔嶺的水火同源可謂是必遊勝地，
但怎麼排氣管也會噴火滴水呢？

愛看飆速電影的朋友一定有看過電影中酷炫的車款從排氣管噴出火花的印象吧！此外，有時在路上開車時，不知道您是否有發現過前車的排氣管在滴水呢？到底為什麼排氣管又能噴火又會滴水？水火同源對排氣管又有什麼影響呢？

1.偏時點火系統（Anti-lag System）：起源於彎道又多又亂的WRC拉力賽，因為渦輪系統過彎時會收油減速造成轉速降低，出彎重新給油時就會造成遲滯，車廠為了克服這些秒數浪費，對汽車進行的改造催生了ALS。收油換檔的時候，ECU繼續下達噴油指令，部分油氣混合氣體進入排氣管跟渦輪排氣側，排氣管的高溫引爆混合氣體會產生強大的能量，讓渦輪繼續保持運轉，遲滯的問題就會減少。

2.視覺效果：偏時點火系統對於排氣跟渦輪系統的負擔相當大，加上一般道路行駛對於彎道速度沒有這麼大的速度考量（就算是計程車司機也不至於要開的跟「終極殺陣」一樣吧！）路上常見的噴火改裝通常都不是噴真的火，而是安裝能發出高強光的特殊尾喉，藉由排氣跟強光營造噴火假象。當然在排氣管加裝汽油噴嘴跟點火裝置的也是有，不過這類改裝違反道路交通管理條例。

3.老舊危險：今天如果車輛沒有偏時點火系統、也沒安裝任何能讓排氣管噴火的道具，排氣管卻還是在假扮小火龍，請快下車求救吧！這是因為引擎、渦輪機械老舊，大腳油門噴油瞬間沒有在引擎內燃燒完全，一路燒進了排氣管才造成這意外的酷炫效果，遇到這種情況千萬不要覺得賺到一個沒花錢改裝的效果，火戰車如果漏油，瞬間進化成火燒車可不是開玩笑的。

至於排氣管滴水通常表示供油系統狀況佳、汽油與空氣混合比例正確、發動機缸壓正常、排氣管溫度低等「正常」狀態。不過滴水過多會損壞含氧感測器，造成ECU調節噴油量失準，還是要檢查維修。

# 059 汽車排氣管愈多愈好？

比人家單入單出多一倍的雙入雙出、甚至三入三出排氣管就是比較威？

晉升有車一族之後，難免會想做點改裝讓愛車更有個人風格，比內裝高調卻又不需要影響車內結構的排氣管往往就是多數人的選擇。但是排氣管跟性能有直接關係嗎？這個刻板印象是以下兩件事帶來的誤解：

1.排氣量：通常性能卓越、排氣量大的跑車排氣管數量跟直徑也會跟著囂張起來，由於排氣量大，發動機每分鐘幾千cc.的廢氣需要多幾個鼻孔順暢呼吸也是很好理解的事情。不過，很多不走型男路線的載重卡車、大客車也因為排氣量需求配備超多排氣管，他們的速度倒不見得比其他房車快。

2.發動機：早期V型6缸以上的引擎，兩邊汽缸各別使用一組排氣，分成兩組排氣管才足以應付龐大的工作量。後車看到雙邊排氣忍不住就會多看一眼，「想必就是輛酷炫跑車」，但是排氣量大卻只搭配一支排氣管的車款也是存在的。

「可是我就是喜歡排氣管又多又大，裝上去不好嗎？」非得要多裝排氣管在技術上也不是不可行，多裝排氣管會讓排氣更加順暢、到有點過於順暢、低轉速也順暢，然後低轉速扭矩喪失會讓車變得無力，反而還耗油。如果還是無法捨棄排氣管數量取勝的美感，可以考慮保險桿裝飾，也就是在保險桿上裝貌似雙邊排氣孔（但只有一個是真的）輕鬆達成帥氣背殺又不影響性能。

話說，排氣管為什麼都擺在車尾，靠左或靠右放的理由是什麼？這是因為排氣系統中設置的三元催化器跟消音器需要夠長的系統才能完成過濾廢氣、消除噪音的工作，所以讓排氣系統在底盤繞個路再回到車尾的距離就很剛好。

根據國際通行慣例，靠右行駛的車輛會把排氣管放左側，靠左行駛放右邊，但因為我國沒有具體規範條例，左右與數量多寡就留給各位觀察啦！

# 車門裡的暗鎖

小孩不需要兒童安全椅了，好擔心他在後座亂開車門怎麼辦？

老爸在我小學時購入的Toyota Camry就配備有這樣一個「防手賤小孩」的暗鎖。我是不太確定自己到底有沒有發揮實驗精神開開看，但是根據我目前四肢健在沒被打斷手腳的跡象看起來，就算我真的試了，安全鎖還是有效的！

好的，總之一直到了會跟朋友租車出遊的年紀，「誒，幫我開一下，我被兒童安全鎖鎖住了」「嘎？那什麼鬼？」這樣的對話出現兩次（至少）後，我才了解到，原來很多人都不知道車門有這個機關存在。

兒童安全鎖非常好找，通常都可以在後門側邊門鎖下看到一個兒童圖示（或是直接寫兒童安全鎖）搭配撥桿，將保險裝置撥往上鎖那端並確實關上門後，這扇門就只能由外面打開了。兒童安全鎖的重要性在哪裡？不是有安全座椅跟中控鎖了嗎？是這樣的，雖然這個年代的小孩好像已經沒有馬蓋先可以看，但是對於未知的憧憬與解謎的渴望相信也是不會少的。年紀夠大的小朋友已經具備自行解開兒童安全椅的技能，至於中控鎖？車門上一樣可以解鎖打開，生命自己會找到出路，求知慾擋不住啊！所以兒童安全鎖是最後一道關卡。

根據坊間說法，計程車禁止設置兒童安全鎖，以避免擄人勒贖案件發生，因此在選購二手車時，也可以根據兒童安全鎖是否仍健在辨認該車是否兼過差。

關於暗鎖這件事，筆者想分享一樁發生在二〇一六年的大眾運輸悲劇。事後鑑識人員發現安全門上竟然有暗鎖，顯示當時想逃生的二十四名乘客與司機、導遊很可能是曾經有機會逃生的。即便監理單位義正辭嚴的表示這種違法裝置一定開罰，還是希望大家在出遊規劃行程時，多花一點精神跟時間確認旅遊公司的可信度，上車時簡單檢查逃生出口，或許這個小動作能在危急時救您一命。

# 061 下車也能走後門

練就了一身精準停車、再近也絕不刮傷烤漆的身手，
卻沒有鑽隙縫的超能力怎麼辦？

　　停車格這種尺寸數量都無比精算的東西，一位難求時找到的卻是卡在兩輛大車中間、線內還佔了鄰車身軀的殘破停車位，這種時候該挺進還是放棄？

　　二〇一七年新北市就有一位車主遇上這樣的天人交戰，勇者如他還是決定拿下這個罕見的車位！然後就發現車門開不了。不過這位思緒冷靜、行事大膽的駕駛應該十分熟悉愛車的性能，停車的分寸也計算得爐火純青，所以他就將可傾倒的前座放到底，從開門空間勉強大一點的後座下車。可傾倒的前座除了逃生方便之外，偶爾有搬運巨型物體的需求也十分方便。

　　話說回來，車停進去之後連後門也打不開怎麼辦？如果愛車沒有配備天窗的話，是的，後車廂是您最後的選擇了。現在有不少車款的後車廂有安裝內鎖，可以從車內打開後車廂。首先在後窗玻璃下方找到雙排椅背解鎖鍵，將後排座椅整個放平後鑽到後車廂找出尾箱鎖芯堵蓋（通常是個黑色的小蓋子），拿鑰匙或是其他硬物撬開（危急的時候腎上腺素＋手就夠了），順時鐘方向轉動白色鎖芯，沒意外的話後車門就會彈開，重見天日啦！

　　「不是啊！我只是想下車，搞得像不可能的任務是哪招？」誠如之前說了八百遍的「我們當然也希望任何意外都不會發生在各位身上」但是，在安逸的日常生活中，潛移默化各類資訊，真有萬一時能夠從容應對，更是我們希望編導的美好劇本啊！

　　最後溫馨提醒，後座乘客下車時請不要從左邊駕駛側下車喔！過去新聞案件大綱如下：某位女子搭計程車快到目的地時，司機直接就在車道停下來，女乘客付款下車時沒注意來車，後方的機車騎士來不及閃躲忽然開啟的車門，車禍造成四肢癱瘓；計程車司機刑事部分判處七個月有期徒刑，民事部分賠償一千兩百萬元。就算靠邊停車，從駕駛側下車仍然是危險性較高的一邊，對乘客及其他用路人皆是。現在也有團體在宣導駕駛座以反手開車門，就是要駕駛與該側的乘客養成轉身確認後方是否有來車的好習慣，避免同樣的憾事發生。

# 車頂的鯊魚鰭
又不是要衝浪，車頂上放個魚翅有什麼作用？

這章又要來介紹一個乍看以為裝好玩、裝時尚，其實還滿有用的東西—鯊魚鰭。其實一開始我連他的名稱都有意見，您看他放在車上的比例根本算不上背鰭，說是T－REX的小手手還比較貼切一點。但是撇除我們之間的小小誤解之後，真是感恩BMW！讚嘆BMW！發明了這個小東西。

1.天線：沒錯，說穿了鯊魚鰭就是整容後重新出道的天線。過去連電視機頭上都還有天線的年代，汽車天線也經歷過各種鞭形、柱狀、螺旋這些很俏皮的外型。BMW為了增強車上的通訊訊號（GPS、FM、Mobile等高頻接收天線）開發了鯊魚鰭天線（雖然我強烈懷疑是受不了原始天線，大家表決通過設計個帥的），不僅克服了舊天線收訊不良、開啟收納麻煩、有折損風險等缺點，因為外觀精巧、顏色多樣化，能夠順應不同車款的外型做調整而擄獲消費者的心。

2.降低風阻：既然好意思稱呼「鯊魚鰭」，降低阻力這種老本行是該略懂略懂一下的。行車過程中速度愈快，阻力也會愈大，鯊魚鰭可以有效減少空氣阻力帶給汽車的困擾。雖然坊間也有許多專門的擾流板，但在不知道如何挑選、鯊魚鰭同時具備附加價值的情況下，直接就先省下不少麻煩了。

3.釋放靜電：進入衣服劈裡啪啦的秋冬季節時，乾燥天氣產生的靜電讓車體容易吸附灰塵，鯊魚鰭透過釋放靜電可以有效減少這種狀況，雷雨天氣也有避雷的作用。

4.預防追撞：有鑑於國人精緻的行車安全距離，追撞交通事故的危機總是讓人如影隨形，在鯊魚鰭上安裝一排LED可以有效加強提醒後車留意前車距離。基於人類應該沒有飛蛾類的自殺式趨光性，相信後車會知道警示燈光是要求他遠離的信號。

# 除霧線一直開一直開

冬天開車當然要全程暖氣，
起霧的話也是一路除霧線開到飽（爆）！

我一直覺得玻璃是非常危機四伏的存在，只要一不小心破掉，怎樣清理好像都不對，永遠都會有遺漏，所以當我在新聞看到除霧線開開開，一直開到整面後擋風玻璃爆破後，就決定這輩子都不要開除霧線了。

好啦！這樣可能有一點因噎廢食，不過整面玻璃炸開，相信大家都不反對這案件茲事體大吧？

二〇一六年冬天的一則地方新聞報導，陳姓車主在室外溫度5度、車內23度的狀態下開啟除霧線約一個多小時，回到家中停好車、車門一關玻璃立馬應聲碎裂。不用擔心，不是有人在家埋伏暗殺車主啦！帝王級寒流來臺觀光的日子大家是不可能在車內開冷氣的，這樣太不尊重人家，因此玻璃一面承受企鵝家鄉的冷冽寒風，另一面卻沐浴在除霧線的熱血高溫中，最後精神分裂只好自爆（承受不了劇烈的熱脹冷縮）。

修車廠師傅同時也表示，除霧線極有可能原先就受損，才會在加熱過程中因局部高溫造成玻璃不堪負荷。

除霧線的耗電量很大，因此一般建議霧氣消散的差不多就可以關閉，除霧器的餘溫還可以維持一段時間的清晰。較新款配備全自動恒溫空調的車輛，約在二十分鐘左右就會自動關閉，一來節省電力，也比較安全。

五月氣溫動輒30度起跳的臺灣，要找到一輛沒有貼隔熱紙的車比等富堅繼續連載還難啊！然而隔熱紙覆蓋住除霧線，施工品質不佳或是材質本身品質就不佳時，日子一久就會出現泡泡，逼得您不得不換隔熱紙，要是這次更換的施工品質一樣的不佳時，除霧線很有可能就「會斷掉」，所以每一個環節都得嚴格要求。

平常擦拭清潔時要順著線條的方向，垂直且天生神力，不小心擦斷除霧線的話，又是好幾張小朋友跟您說再見了。

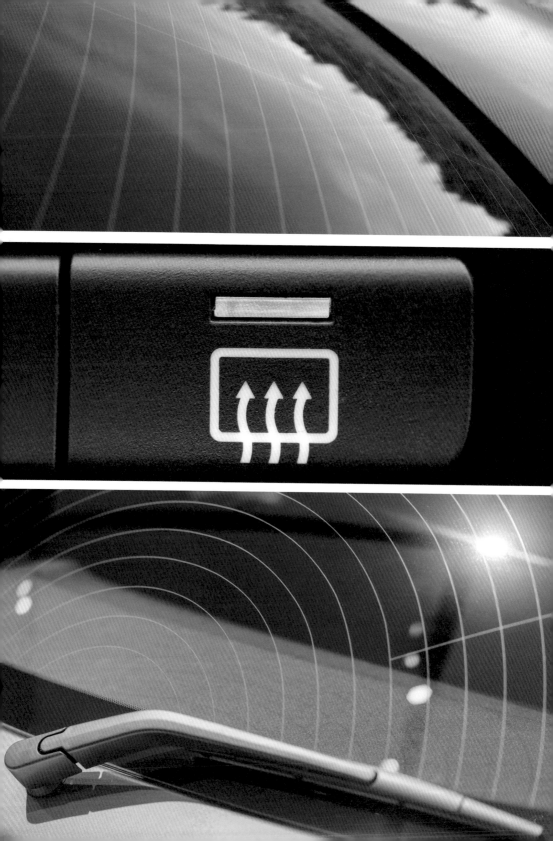

1.從油表燈看油箱蓋方向：進了加油站才發現不知道油箱蓋在哪裡！在妹紙面前尷尬還是小事，要是油槍偏偏不夠長，全場目送您離開，然後您換個方向又回來，就滿尷尬的。現存多數車款都會在油箱旁邊畫上貼心的三角形箭頭，根據箭頭的方向，就算您是金魚腦，進加油站前再看一下應該也不會有問題了。

2.安全帶可調整高低：也許這點大家都知道，也可能哈比人的世界大家太陌生，但我從未見過自己以外的人調整過（淚）。如果您跟我一樣每每覺得安全帶怎麼跟絞索一樣高的不合理，或是您是兩公尺以上的樹人族，都可以在B柱找到調整裝置喔！

3.玻璃水噴嘴可以手動調節：有些人抱怨前擋風玻璃的噴嘴有夠不受控，水花就是完全不會噴在玻璃上，要為了這個小東西跑一趟維修又覺得懶。其實真的不需要維修，長時間受到水壓的作用，噴嘴角度多少會跑偏，這時候只要拿針／別針／開SIM卡的那根針頂住出水口輕輕轉動，就能調整到需要的角度。

4.汽車方向盤可以調整位置：開車時，特別是開長途時，總是會希望駕駛座坐起來舒服才不容易疲累，所以很多人在上路前都會想辦法把座椅調整到最適合的位置，但有時候座椅都調整到最底了，還是覺得手與方向盤的位置不是很順手，這時該怎麼辦呢？其實汽車的方向盤位置是可以調整的，在方向盤下方有個卡榫，扳開之後就可以上下調整方向盤的位置，若是高級一點的車款還附有四向調整功能，除了上下之外還能前後移動，調到適合的位置之後，再扳回卡榫固定就可以了。

5.熄火還是能關車窗：熄火之後才發現忘記關車窗大概就跟住在十一樓，下樓才發現忘記帶手機出門一樣懊惱。但是您其實不需要重新啟動愛車，今日許多智能鑰匙都有熄火後關車窗的功能，只要長按遙控器上的鎖車鍵約三至五秒，窗戶就會關上了。

# 065 雨刷也是有點學問在裡面

同樣是雨刷，怎麼我的就是刷不乾淨、玻璃有刮痕，沒多久就得換新？

1.雨刷有長短之分：

雨刷的首要功能就是盡可能排除擋風玻璃上所有會造成視線困擾的障礙物，如果兩把雨刷的長度一致，運轉的時候就會有大大的重疊區域擋住駕駛的視線。

2.什麼時候該換雨刷：

通常建議使用半年至一年後更換，但實際上還是取決於行車環境。最準確的判斷方式還是要問雨刷本人，開始刷不乾淨、刷動有不自然的聲音、出現水痕跟跳動時，就是緣分到的時候了。不過，有些時候清不乾淨的兇手可能是玻璃，擋風玻璃也需要不時清清油膜。

3.購買時的注意事項：

現在雨刷的種類實在太多，挑選的樂趣還是留給各位，但溫馨提醒，愛車的車型、年份、確認雨刷尺寸是關鍵的第一步，連裝都裝不上去也沒什麼好討論品質如何如何了。

4.把雨刷立起來：

高溫曝曬就是一件很催人老的事情，偏偏玻璃散熱又特別慢，今天如果將愛車停在桃園機場附近的露天停車場享受三天的日光浴，膠條白天被曬完，太陽下山後玻璃還在慢慢散熱再熱一波，膠條的彈性就跟變了心的女朋友一樣回不來了（新臺幣也是）。

5.雨刷保養：

① 可以的話，還是避免長時間曝曬，盡可能找蔭涼的地方停車，上車也比較舒服嘛！

② 不要乾刷、也不要直接擦拭膠條上面的灰塵，再微細的灰塵雜質都會造成膠條磨損，刷了又刷擦了又擦就相當於是反覆拿厚砂紙摧殘雨刷的概念。

③ 不要、不可以隨便拿洗碗精／洗髮精／洗毛精代替雨刷精，這些清潔劑凝結有堵住噴嘴的風險。使用玻璃清潔劑的時候也要注意千萬別碰到雨刷膠條，這些化學物質都會造成膠條硬化、脆化。

# 為什麼轎車沒有後雨刷？

別的車型有，轎車卻沒有？是風格問題還是車廠大小眼？

　　這件事我以前還真的沒有特別注意過，直到開了一台五門的MAZDA，在雨天時打開雨刷才發現「欸，後面有雨刷耶！為什麼有一種難以言喻的新鮮感？」後來回老家瞧瞧老爸那輛二十年的Camry4代，發現竟然沒有！原本還猜想會不會是新舊車款的差異，但是將鄰居田調過一輪發現，跟出廠年份沒什麼關係，重點竟然是在「屁股」上。

　　F1的觀眾對於空氣力學一定都不陌生，為了追求最高的速度效能、把風阻降到最低，同時減少油耗，風洞實驗室的工程人員反覆測試各種不同風速、車型，感謝有他們日以繼夜、超有耐心的研究資訊讓我們得以了解，汽車行進的同時會衝撞空氣，汽車有多大的體積就會撞出同等大小的空氣，被車頭推擠到車身上下跟兩側形成空氣渦流。

　　車輛行進產生的的渦流會跟小型龍捲風一樣打包空氣中的粉塵樹葉，這一團粉塵泡泡被聚集到沒有屁股的五門車尾時，在這個幾乎跟地面垂直的平面會形成一個真空帶，將汙垢忠實的留在後車窗上。反觀多了一節屁股的轎車因為多出一節延伸氣流的後車廂，髒汙就不會滯留在車尾。簡單下個結論，轎車之所以沒有後雨刷，是因為流體力學的關係，本來就比較不容易髒。

　　除了科學原理之外，轎車不裝後雨刷還有另一種說法。因為五門車的後車廂門跟擋風玻璃是一體的，設計跟安裝上很簡單；四門轎車的話就必須考量後車廂門開啟角度，空間外觀上的權衡都是個滿大的挑戰。不過話說回來，既然轎車對後雨刷的需求性沒有那麼高，安裝上的困擾又這麼大，這個配備相形之下變得雞肋，也就不意外為什麼車廠選擇不裝置後雨刷了。

# 067 正確用燈常識
視線不佳時沒開燈很危險，但無時無刻都全開可能更危險！

　　這一篇非常重要，您可能不敢相信，但真的很多人搞不懂自己到底開了什麼燈，以為儀表板上的遠光燈符號代表開大燈，或是開了小燈以為自己開的是大燈，結果一路昏昏暗暗。如果您也有這個問題，請務必好好了解自己的愛車有哪些行車用燈。一般車燈有晝行燈、大燈、遠光燈、霧燈、閃燈等，比較新的車款附有光感應頭燈，由電腦自動感應環境狀況幫您開關車燈。

　　晝行燈就是小燈，功能不在於照明，而是讓車子在白天行駛時容易被對向來車與其他用路人辨識。大燈就是一般晚上駕駛，或是進隧道時使用的車燈。

　　至於遠光燈，各位一定要注意使用的時機，通常是在確定對向沒車，且道路視野真的極差的時候再使用，也儘量不要長時間使用。

　　因為我老爸曾經遇上對向車開遠光燈而發生交通事故。我可以理解許多人一上車就希望車燈全開，體驗白晝般的視野，但是大燈的照明已經足夠正常天候所需照明。遠光燈除了強度之外，照射的角度也不同。大燈的綠色圖示是斜線往下，藍色圖示的遠燈卻是平行，表示它就是直奔駕駛視線，照的您心裡發寒啊！

　　前霧燈的符號是畫了水波紋的綠色燈號，後霧燈是橘色。既然會取這樣的名字，自然是代表在潮濕的濃霧或雨天才需要使用。試想開在高速公路上，前車全程開著霧燈，亮得好像一路上都有人在您前面道路施工一樣，您不會很想給他拍下來檢舉嗎？

　　個人認為閃燈滿聰明的，不但可以取代喇叭提醒前方駕駛疏忽的現狀或危機，也可以奇妙的隱藏爆發的情緒，達成罵人不帶髒字的雙贏局面，舉例來說：

　　1.大燈閃一下：「有事嗎？綠燈了還不走？」

　　2.大燈閃二下：（通常是對向車或後方來車）「您TMD開什麼遠燈啦！死白目！」「前面有躲警察！」

　　3.大燈閃三下：通常是表示您的車輛有需要立即停車處理的異狀。例如：「門沒關好啊！」「車在漏油啦！」

# 為什麼要倒車入庫？

繞半天才找到車位已經夠煎熬了，還要再喬半天倒車入庫？

您身邊也有一群考了駕照卻遲遲不敢上路的朋友嗎？那您一定也聽過這個理由「我覺得開車應該沒那麼難，可是我怕我不會停車啊！」

坦白說，新手的那段日子要倒車入庫時都超怕附近有人看到，深怕喬半天還是停不正、一不小心A到旁邊的車，最糟的是遇到過度熱心的路人叨念不停想技術指導，當下超希望翻白眼可以結束自己的生命。

究竟為什麼要這麼逼人？車頭順順的開進停車位不好嗎？為什麼非得要倒車入庫？難道只是為了展現資深駕駛的霸氣嗎？其實以下幾個小小的優點值得考慮考慮。

1.停車位小時相對好停：因為車輛的轉向是由前輪控制，後輪的移動半徑比前輪小，換句話說，如果先把後輪放進車位，前輪一定能夠找到轉的進去的角度；可是如果前輪先進，後輪不見得能調整到一樣的角度。車子跟貓咪相反，是身過頭就過。

2.出車位時避免盲區：出門停車的地點不外乎電影院、量販店或餐廳附近等，這些地方通常都會有一種俗名「小孩」的生物出沒，要是選擇車頭入庫，倒車離場的時候就很容易因為視線死角而沒有發現站在車道上的人。

3.防盜：不知道大家會不會在後車廂放貴重物品，但無論內容物是什麼，應該要儘量降低竊盜的便利性，不能讓偷兒輕易得手，這樣太不尊重專業了。

4.方便借電／充電：我發誓我真的沒有要烏鴉嘴的意思，但是運氣這種東西就是很難捉摸的，萬一假設剛好不巧汽車電瓶沒電了，現場找個善心人士借電是最快的啟動方法，如果您的車頭方向跟大家相反，電線不夠長，那就悲劇了。

# 069 車內曬過的水不能喝⋯⋯嗎？

塞車口渴時發現車上有瓶水真是如獲至寶⋯⋯，
等等，那瓶什麼時候開的？

我們又要來探討都市傳說了。您我可能都有收到過這個長輩文：「80% 的癌症，是因為在車裡喝礦泉水，請務必查看並分享出去！」首先，醫師表示，80%這個數據太危言聳聽，其次，我們簡單做個分析。

1.材質：關於會溶出毒素等等控訴，最常聽見的是塑化劑、雙酚A會致癌很可怕不要喝，不過不要再相信沒有科學根據的說法了。現今的礦泉水瓶是採用PVC（瓶底三角形框框標示「3」號）、PET（瓶底三角形框框寫「1」號）等穩定的材質製成，高溫至70度甚至100度才有機會開始釋放那些化學式很複雜的東西。不過這類塑膠瓶倒是不應該重複使用，時間一長，就算溫度不夠也會開始析出怪東西的。

2.口感：這種嚇唬人的起源跟多數Line上面的「認同請分享」同樣不可考，不過後來會那麼病毒式的散播可能跟水的口感味道確實改變有所關聯，很多人吃到香菜也覺得一定有毒。PET製程中含有銻這種重金屬，在貯水期間會有部分進到水中，高溫加熱是有可能迸出新滋味。但是先別急著驚慌，PET瓶裝水含銻量非常低，遠低於世界衛生組織訂定的標準。

3.時間：雖然我們算是破除了這個流言，但是車上的水跟飲料建議還是當天喝完吧！就算不是放在車上、就算溫度不高，一旦開瓶就是變質的開始，口中的、環境中的、不敢想哪來的細菌總是會努力找到生命的出路，瓶子在車上放個三五天，就算瓶子沒有溶出任何有毒物質，裡面的細菌生態說不定都跟潘朵拉星球一樣豐富了。

不經查證就散播謠言很不可取，但是也呼籲大家不要挑戰每一種可能性的最極限，資料顯示放一個星期才會開始有問題，所以至少給他喝個六天⋯⋯，衛生習慣還是要顧好的呀！

**打破哪片玻璃最不痛？**
迫不得已要砸破愛車的玻璃前先三思，
選錯可能比球賽押錯隊輸更大！

筆者曾經看過一個新聞，加拿大一位大叔拿著石頭往BMW的後門車窗狂砸，圍觀群眾不但沒人阻止，車窗破掉的瞬間還掌聲雷動。原來是一隻可憐的狗狗被參加音樂祭的主人獨留車上，當時天氣十分炎熱，要是再不立刻救出狗狗可能就回天乏術了。之後這位英雄大叔沒有被究責賠償，倒是飼主必須接受調查。

那如果我們自己意外碰到需要破窗的狀況時要怎麼辦？筆者破窗經驗豐富的消防員朋友表示，若破窗是為了救車內的小朋友或寵物，首選離其最遠的玻璃，若是擊破其身旁的玻璃，玻璃碎屑可能會造成傷害。其他狀況則可以荷包失血最少的原則做評估，以下就簡單做個比較，建議各位「不要」打破哪一塊：

1.前門三角窗：什麼？前一章提到的那一面整車最小張的玻璃反而不能打？三角窗不僅技術層面難、施工費用高，加上沒事根本不會有更換必要，修理廠也不見得會有存貨，選這塊不只花錢，還要花時間等待。

2.天窗玻璃：一般天窗玻璃造價大約新臺幣三至五萬元（這還不是全景的價格），至於實際售價加上工錢怎麼收費，因為我也沒有砸過，還是把這想像空間留給各位。

3.前擋風玻璃：在座各位柯南看多了可能會想要來個逆向思考，「小的都不能砸，那我選個最大張的總沒錯吧！」是這樣子的，兩個比較特殊的剛好介紹完了，剩下條件差不多的當然就是愈大張愈貴。

4.後擋風玻璃：同理可證，這片也很大張，放下手中的石頭吧！而且雖然後擋風玻璃稍微便宜一丁丁點，卻更仰賴高度專業技術，要是安裝品質不佳，車內漏水就接不完了。

5.前門玻璃：前門玻璃在價格上跟後門其實差不多，不過駕駛座旁的車門功能比較多，若莫名其妙有碎屑掉進縫隙，意外造成部件損壞會很麻煩，若真的不得不敲破前座的車窗，建議優先挑選副駕駛座的位置。

局佈了那麼久，在這邊跟大家揭曉，最划算的就是加拿大大叔砸破的「後門玻璃」。愛護動物還為車主降低損失，真英雄無誤！

# 071 一鍵啟動潮還要更潮

所謂的豪華高級名車，
就是連按鍵啟動都要酷炫的跟電影道具一樣！

　　為了讓金字塔頂端客戶永遠有最新最酷，好看好玩又好開的車可以炫富，這些名車大廠時不時就要腦力激盪做出一些前無古人，後面肯定有來者的新花樣，連這個貌似很單純的東西也能爭奇鬥豔，他們工程師壓力想必也是滿大的。這邊介紹六款還滿有趣的一鍵啟動。

　　1.Chevrolet（雪弗蘭大黃蜂）：多虧了Transformers，別說是沒在留意車的人，連小朋友可能都認得出這款車。一鍵啟動通常是圓形按鈕，他就偏偏要做方形的，呼應了大黃蜂在電影中的屁孩個性。

　　2.Tesla：特斯拉的老闆連火箭事業都要領先全球，一個小小的啟動鍵怎麼可以掉漆？所以Tesla決定連按鍵都不要了，踩煞車排D檔就上路，按鍵是什麼？可以吃嗎？特斯拉的Model 3車型更是拋棄了特色模型車鑰匙，只要手機裝上專用的APP，一秒變成愛車的感應器，一機在手，誰還需要車鑰匙？

　　3.Benz SLR：賓士在臺灣還是有著尊爵不凡的地位，這種小細節當然也要出得了廳堂。啟動鍵竟然在排檔桿正上方，還要打開蓋子才能按鍵啟動，是不是有一種戰鬥機準備發射飛彈的即視感，想擊墜各家對手的企圖很明顯啊！

　　4.Aston martin（奧斯頓·馬丁）：身為007御用車，性能便利什麼的都先不說，質感帥氣雅痞先達成就對了。水晶打造的鑰匙完美吻合的鑲嵌入中控台即可啟動，透過水晶還可以瞥見Aston martin的 logo，有一種James Bonds紳士感。順便一提，奧斯頓的水晶鑰匙也很雍容華貴，若是不小心遺失了，請備好六至八萬元新臺幣來重新打一支。

　　5.Ferrari：義大利人就是有一種很難撼動的傳統，中規中矩的紅色啟動按鍵雖然沒有特別標新立異，但就是充滿濃厚賽車氣息。

　　6.Lamborghini：與法拉利有深厚孽緣的藍寶堅尼也走Benz SLR掀開蓋子再啟動的戰機風格，不同的地方是按鍵位於中控台，而且蓋子是鏤空的，所以蓋子不掀開也可以按下。那為什麼要做外蓋？我想有錢就是任性，做一個裝飾用的蓋子也是很合邏輯的事情啊！

Benz SLR 的啟動鍵
藏在排檔上方的蓋子裡。

Sergey Kohl / Shutterstock.com

法拉利的啟動鍵
很有跑車感。

Juan Aunion / Shutterstock.com

藍寶堅尼的啟動鍵
有戰機的風格。

Christopher Lyzcen / Shutterstock.com

# 072 車內標示為何不用中文？

景甜都在《環太平洋2》霸氣命令別人說中文了，
車裡的標示為何還是英文？

　　都說中文是強勢語言，中國市場又那麼大，車商為什麼沒有考慮將車內標示客製化成中文呢？這其實也是經過一番深思熟慮的結果。

　　1.約定俗成：工業革命之後帶動了歐美國家的汽車工業發展，當時領頭羊—英國率先開發的設計理念自然也為其他國家沿用，加上後來英文又成為國際語言，為了方便外銷至全球市場，自然採用英文。再者，早在汽車之前，許多電器包括收音機、電視跟空調等早已使用統一的英文標示（都怪英國當時日不落帝國強大的太過囂張），這些英文直接複製到車上，對被制約的大家來說都方便。

　　2.設計法規／標準化：汽車上許多的標示設計都在國外設計法規的規範下，就算是沒有硬性規定的部分，車廠還是會選擇採用習慣的文字符號，畢竟駕駛上車後突然覺得自己不知身在何處，慌的無所適從好像也不是很妙。

　　3.語言差異：相較於中文，說穿了英文就是有筆畫少這個優勢，不但節省印刷成本也更容易辨識，又方便以縮寫呈現。舉例來說：ABS（Anti－Lock Brake System）三個英文字母清楚易辨認，換成中文情境的話⋯⋯「防鎖死煞車系統」，別說近視／老花／散光的駕駛會很困擾，車廠光是研究要怎麼將這排字放進去應該都會面臨技術瓶頸。

　　4.在商言商：理想層面討論再多都是假的，能把車賣出去才是真的！既然大家都被迫要學習英文，車上標示統一使用英文自然最容易被接受，如果要客製化的區分西班牙文車款、德文車款、日文車款，這些暴增的開發成本要回收恐怕沒那麼容易。使用統一的語言也有助於生產效率，全球各地的供應商長期以來都是根據同一套設計放上生產線，突然更改語言，光是確認的時間就每秒浪費幾百萬上下了。

# 073 放車庫的車子比較長壽？

車庫？您說的是那個比新車還貴的東西嗎？

關於買車這件事情，除非是手邊隨時有一疊鈔票可以霸氣付現牽車的人，否則下手之前肯定要Google看看所有可能的花費，試算自己到底能不能付完錢，不吃土、不跑路、不賣腎才敢下單。究竟，買／租車庫這筆錢到底該不該省？

1.日曬：既然都說愛車是小老婆，怎麼會捨得讓她每天飽受陽光摧殘烤漆？引擎蓋長期高溫烘烤也會造成水管皮帶提早老化。雨刷膠條的影響我們之前提過，每天曬，就算把雨刷立起來，一樣很快就要換膠條了。某天坐下時皮椅裂開可能不是你的錯，別急著量體重，高溫曝曬也是造成皮椅提前老化的元兇。

2.酸雨：現在的空氣品質讓口罩成為時尚的每日服裝搭配建議，長期以這樣的水質洗車聽起來就不是很妙。淋雨之後如果沒有儘快清潔，雨水混合泥土灰塵跟千千萬萬種雜質的毒素面膜，會讓侵蝕達到事半功倍的效果。

3.空投：對鳥兒們來說，「整個天空都是我的洗手間」，這些難以預測跟閃躲的空襲不但有礙觀瞻，酸性的鳥便便對車子的傷害不言可喻，最討厭的是要清掉這陰險的暗器還不能太魯莽，因為鳥糞裡常常含有小石子，用力擦拭可能會造成二次傷害。

4.小偷：先不論防盜措施，路邊的車總是比需要門禁卡才能進車庫的容易染指，除了整輛車失竊，也有被砸破車窗取出車裡零件變賣的風險。運氣不好遇到手癢刮車怪客也是欲哭無淚的大失血。

說起來車庫其實就是車子的床，許多人為了追求良好的睡眠品質都會選擇高品質的床墊、舒適的寢具；而車子待在車庫的時間往往比我們的睡眠時間還長，為這輛守護家人安全的交通工具提供一個良好的休息區會是一筆合理投資的。

說到這裡，在車庫可以保護車子的概念下，現在有很多有趣的汽車周邊產品可以稍微提一下，首先是可自動伸縮的車庫，外觀就像路上常見的遮車棚，但是優點是方便移動且能自動伸縮不占空間。還有以雨傘的概念研發出的自動車頂棚，若是外出找不到室內停車位時，打開車頂棚，即使頭上就是大樹或是電線杆也不怕鳥類的飛彈攻擊。

第 **4** 章 >>

# 有趣的
# 車輛知識篇

　　安全帶的重要性應該不需要再贅述,是說大家會不會很好奇是哪個天才發明了這個東西呢?沒興趣還是看一下嘛!有個小故事可以跟妹紙聊聊也滿帥的啊!

　　1.「雛形」可以追溯到十九世紀初的英國,工程師George Cayley設計了一個「帶有掛鉤的可固定裝置(長得差不多像遊樂園只繞過腰的那種安全帶)」。

　　2. 一九一〇年在德國(有另一說是一九一一年的美國)為了讓駕駛安穩固定在座椅上,將安全帶應用於飛機上,二戰之後成為飛機的標配。

　　3. 一九五五年左右,福特的轎車開始配置安全帶。

　　4.一九五八年,瑞典車SAAB搶先推出第一款標配安全帶的汽車「GT750」。

　　在這之前的安全帶都是腰上的兩點式,緊急煞車時腰部以下牢牢貼在座位上,上半身前傾的角度卻可以達到坐姿體前彎親吻方向盤了。VOLVO曾在一九五七年時研發「對角線式」安全帶,同樣兩點式但僅繞過胸腔的安全帶卻有壓迫肋骨的危險性。改變世界的VOLVO安全總工程師Nils Bohlin,將兩種兩點式安全帶混在一起做成三點式V型安全帶,終於將問題給解決了!

　　三點式安全帶以V字橫越肩膀至胸前以及腹部臀部,發生撞擊時仍可將乘客牢靠固定在座位上,同時分散衝擊於V字上,這個看似簡單卻救人無數、沿用至今的發明,獲得專利後竟無償將研發成果分享給其他車廠,只求守護更多寶貴生命。跪著寫這段的同時必須分享一個題外話,電影常看到、緊急時刻讓飛行員彈射逃生的座椅也是Nils Bohlin發明的呢!

　　有鑑於安全意識的成長進步,車廠根據不同年齡、職業的乘客也研發出更穩定的六點式安全帶。相信爸媽一定非常清楚,骨骼發育未完全的小朋友絕對不能繫一般座位安全帶,兒童安全座椅上的六點式安全帶可以更多角度的分散衝擊力。動輒承受2G、5G衝擊力的F1賽車也採用六點式安全帶保障車手生命。

# 德國的高速公路不限速？

「聽說德國高速公路沒有最高限速耶！」
「只有部分路段啦！」「那還是有啊！」

超速在交通安全管理條例是一門重大違規，收過罰單的人一定有非常深刻的體會，可是德國這個印象中嚴謹又守法的國家有什麼得天獨厚的條件可以這麼囂張的無限馳騁？

1.道路條件優：高速公路又寬又直不稀奇，柏油厚度達55至85公分的重本可沒見過吧？優異的道路品質、最大坡度比不超過4%，讓駕駛得以在最安全平穩的道路狀態中高速行駛。但是真正讓德國睥睨群雄的是複雜的安全監控電子系統，如滔滔江水綿延不斷的公路上，佈滿了偵測器、攝影機、電子路標還有通訊點，每年的高速公路營運維修費就要燒掉德國四十六萬歐元的公帑，讓人忍不住感嘆他們的稅收真是花在刀口上。

2.汽車性能：德國路上很難看到其他國家生產的車輛，倒也不是他們臭屁或排外，畢竟國產車一字排開的名駒就已經選擇障礙，實在沒必要再去執著舶來品。德國人的一絲不苟相信不用贅述，安全性排名總是名列前茅的德國車即使在200公里／時的時速下也能緊貼地面。據說在鋼鐵人續集中亮相的Audi R8原本應該要配合劇本被撞飛翻覆，可是劇組NG到心都涼了就是不翻，被迫刪戲之後大家才終於可以回家啦！

別以為買到一輛在龜毛中誕生的車以後就通行無阻了，德國車檢非常嚴格，只要不合格就是不給上路，沒達到環保規範一樣沒得談，因為汽車故障發生的事故率當然也就大幅降低。

3.雞腿換不到駕照：相信上述條件的說服力足以寫完收工了，不過事在人為，駕駛往往才是最關鍵的因素。德國的駕訓班可不是讓您死背考題跟記號就可以通過考試，除了紮實灌輸正確駕車觀念，路考時的各種細節沒有達成也是下次見，德國的道路上只容得下有責任感跟清晰思維的駕駛。

# 影響油耗的因素

同一款車、差不多的路線，怎麼我好像就是比別人更常加油？

1.機油不適合：還記得機油並不是愈貴愈好這個選購原則嗎？沒有長期高速行駛的性能要求卻餵食愛車特濃稠的機油，會造成曲軸阻力過大，油耗飆升。

2.發動機積碳：車輛出來走跳，時間久了難免會積碳，而市區這種龜速走走停停的模式會讓積碳的症狀更嚴重，噴油嘴積碳堵塞以後，燃燒室燃油供給不穩定、霧化不足，燃燒效率下降，就像感冒的時候做什麼都卡卡的事倍功半，油耗就不幸增加了。

3.火星塞損壞：其實這部份算是第二點的延伸，點火系統需要噴油嘴跟火星塞各司其職，也就是噴油嘴混合氣體、火星塞點燃，火星塞一旦GG、點火效能只有糟而已，整個汽缸瞎忙又生不出產能，只好繼續噴油浪費油。基本款的火星塞正常來說三至五萬公里就該分手了，鉑金據說可以撐到十萬公里，但時候到了還是問問修車廠，主動關心每個零件還剩多少日子。

4.排氣管有問題：排氣管的角色有點像是電視台統計收視率、回報節目部大家工作成果的人員，廣告數字沒達到業主要求就趕快強力放送；就像含氧感測器會檢測排氣管中的含氧濃度，然後回饋給ECU控制噴油量多寡，若是含氧感測器變得跟樹懶一樣遲鈍，發動機等不下去就乾脆能耗多少油就先耗下去。

5.胎壓過低：胎壓低＝摩擦力大增＝車子好難拉動＝又吃一堆油。輪胎磨損嚴重會也一樣喔！

6.行動儲藏室：車子越重需要更大的動能去牽引＝耗更多油，這道理大家是明白的，與其上網找省油精之類的偏方，不如先拿這個時間做個大掃除吧！

耗油的元兇除了這些被冷落的零件，其實跟開車習慣也息息相關，大腳油門對駕駛來說可能很過癮，中油也賺得很開心，但為了乘客的舒適跟荷包的肥厚，還是儘量避免。

# 渦輪引擎＋小型車＝趨勢？

過去跑車搭載的渦輪引擎怎麼開始放在小排氣量車款上？
這樣合用嗎？

　　「別讓北極熊無家可歸」、「別讓海龜哭泣」等環保議題已經成為不可忽視的議題，歐盟汽車廢氣排放標準一年嚴苛過一年，車廠如果沒有想到應對方法，遲早得改賣腳踏車。工程師回歸初衷找到的解答就是「降低排氣量」，但是排氣量一縮水，輸出性能大幅降低，駕駛肯定不買帳，有什麼辦法可以不增加耗油量，又能同時提升馬力及扭力？答案就是強制進氣系統「渦輪增壓器」。

　　渦輪增壓器的原理是藉由廢氣推動葉片帶動氣流壓縮，強制擠壓造成大量進氣，不需要增加油耗卻能營造大排氣量車款的強勁馬力跟扭力。印象中渦輪引擎好像是高性能車專屬，不為人知的是它能透過電腦進行動力調校，適應各類車款訴求，這也是車廠愈來愈積極孕育小排氣量渦輪引擎車款的原因。

　　不過當一門新發明／趨勢始終無法取代舊技術，就表示它一定有一些無法克服的缺點，在各位被優點迷惑，興致勃勃下單之前還是要平衡報導一下：

　　1.過勞發動機：為馬力而生的渦輪動輒十幾萬轉上下，強制增壓後的發動機連同排氣、點火、供油甚至冷卻系統都被迫爆棚演出，異常強度的操勞想當然耳會影響所有系統的耐用性，以至於增加車主養護維修的支出，絕對不是系統本身就有病喔！

　　2.舒適性不佳：傳統自然吸氣的車型採數缸式發動機點火（V6、V8、V12），點火間隔非常近，在動力銜接的時候不容易感覺到動力輸出的落差，整體運作比較平順。反之靠廢氣推動的渦輪增壓在廢氣不足時氣若游絲，渦輪一發功又馬上不知道在爆發什麼。

　　3.動力續航不足：咦？不是才說渦輪馬力強？渦輪增壓車型因為受制於增壓壓力，時常會發生虎頭蛇尾、後續乏力的問題，自然吸氣的發動機倒是相對慢熱卻持久，轉速愈高動力愈佳。

# 買車最好的月份？

結婚、搬家、開市要看日子我就認了，連買車也有良辰吉日？

　　雖然筆者從來搞不清楚百貨週年慶是什麼時候，但只要新聞上出現陰屍路就恍然大悟了。這種一年一度的百米衝刺盛會看起來固然是有點驚悚，可是能用一至二折這種優惠買下覬覦很久的東西實在滿值得的，那買車也有週年慶這種好康時間點嗎？以下幾個時間點可供參考。

　　1.年關將近：

　　沒有意外的話，年終獎金在過年時都會成為別人口袋裡的紅包，為了讓自己不要吃土，可以賺取私房錢零用金的「冬季競賽」當然是要跟消費者拼了。大約從每年十月初到十二月底關帳為止，車商力求達成銷售目標，會祭出各種降價優惠跟贈品方案；業務談成的交易筆數越多，銷售獎金及目標獎金會跟著倍數成長，依這個邏輯思考，只要您願意簽下這張訂單，合理範圍內的折扣贈品都是好商量的。

　　2.習俗：農曆七月基本上諸事不宜，無論是要結婚、生子、入厝還是買車都免不了熱烈的關切與焦慮的神情「您確定嗎？」「不好吧？」「您想清楚啊！」車商當然要在市場變成一灘死水之前先把業績做出來放。農曆七月前後的兩個月（大約是國曆六至八月）就是僅次於年終跳樓大拍賣的「夏季競賽」。

　　3.車展：如果這兩個時間點沒有預算或是偏偏剛好就不是換車的時機，各位還可以選擇「車展」。畢竟花了一大筆錢參展，要是完全沒業績可不是土下座就可以解決的，因此車展總是會有幾款超級吸睛的限量優惠，消費者動作夠快、消息夠靈通，往往就能搶到夢幻價格。

　　4.貨比三家：不要生氣，我知道這乍看很廢話，但是多問幾個業務有時會有意外的效果。假設今天對A、B業務開了相同的條件，A還離銷售目標很遠，可能會想踩穩價格，B則是差您一輛就達標，扣掉給您的優惠跟贈品來換獎金收穫更多，這種雙贏的機會就要靠緣分去把握了。

# 079 低配、高配還是尊爵版

雖說車子配備應該從簡就好，
可是汽車業務推薦一輪又覺得好像該多花一點……

這個問題實在很傷感情，如果今天發問的人是土豪就很好處理。買！都買！配！都配！有什麼都裝上去！不尊爵不要買！反正只是買個玩具，一堆功能沒有用無所謂。

1.低配：月底窮到快被鬼抓走，維力炸醬麵加半把燙青菜，行有餘力打顆蛋吃粗飽的概念。低配基本上就是給您一款「純」代步車，任何酷炫音響、真皮座椅、後排空調都是人鬼殊途。最強勢的賣點是售價「我覺得可以」。

2.高配：該有的安全配備好像都有了，沒想到的加上來似乎也是質感合理提升，感覺家人坐的舒適安心，炫耀新車的感覺也格外踏實，心目中的新車藍圖好像就應該是這個樣子啊！

3.尊爵版：座椅按摩、一鍵啟動、全景天窗等，沒有最潮只有更潮，光是玩遍所有功能、換取眾人的傾慕眼神跟驚呼嘆息都不知道要出門多少趟了。不過冷靜下來想想，如果我都要賣腎買車了，幹嘛不直接選更高檔車型或品牌？

如果選購有這麼容易，大家就不用煩惱了。所以首要建議是「看車之前先看自己，審視自己買車的目的是什麼？」個人工作需求？搭載一家大小？練習甩尾？先了解用途之後才能評估需求。特別需要衡量的一點是，就算已經打定主意要直接帶低配回家，要是配備中沒有正副駕駛氣囊、ESP這些幾乎跟安全帶一樣理所當然的安全配備，還是建議勒緊褲帶加上去。雖然事後可以加裝，但這些內部系統的工程是好幾倍的浩大、成本又高，既然這些東西註定不能省，就先出來面對免得事後更棘手。

最後建議衝動購物的人一定要帶個冷靜自持的真心摯友或是家中財務大臣陪同，避免在銷售人員積極介紹下，腦波一弱無法堅守底線，領車的時候才發現這不是本來想要買的車。

# 080 瓦斯車、電動車、油電混和車

油價不知道哪天又會失控，到底那種替代能源好？

從油價開始成為頭條新聞、二氧化碳（一氧化二氫還很多人不知道呢！）成為家喻戶曉的溫室氣體開始，替代能源成為一個永恆的追尋。

瓦斯車：一九九五年時瓦斯車刮起一陣話題旋風，以瓦斯替代汽油，貌似節能又環保，而且在一定年限內的汽車可以改裝，不需要再購買新車。政府為鼓勵民眾試毒，不是，倡導多方嘗試也祭出了補助方案，無奈充氣站太少造成的不便利與瓦斯上車帶給駕駛的恐懼感，始終無法成功普及而結束補助方案。最尷尬的一點是，瓦斯車的碳排放量竟然幾乎沒有比較少！當然就走入歷史啦！

電動車：幾乎可說是目前所有車廠研究開發的主力趨勢，以電池為動力來源帶來了不排放廢氣、噪音低等環保優勢。電動機的驅動純粹藉由電池帶動，表示過去傳統引擎保養時需要更換的機油、濾芯、皮帶等等耗材都可以省下來了！

但是您也知道手機沒電有多麼困擾，汽車目前也不太可能出個相對應的行動電源，八小時的充電時間對於總是油箱見底（電力歸零）才想到要處理的駕駛肯定是個問題，即使快速充電只要一至兩個小時，還是快不過傳統汽油隨加隨上（兩個小時後上班還是遲到啊！）、續航里程不夠長、充電站不夠多都是目前還值得觀望的問題。

油電混合車：擷取電動車跟傳統吃油的特點似乎是目前權衡的解套方式，市區行駛走走停停就關掉內燃機，省油零排放；沒電時再找內燃機出來支援。在家充飽電，出外沒得充就找加油站，保固期內電池有問題還免費更換，貌似完美的伴侶，危機卻躲在「那保固期過了以後咧？」保固後維修費用可能將油錢一次吃回來，加上目前車款選擇少，保養勢必得回原廠，這筆費用也比傳統車款來得高，售價也是比較不可愛啊！

# 081 氫氣車、太陽能車

環保沒有極限，

喝水就會飽、曬太陽就能跑的未來車款不是夢？

　　想像一輛曬太陽、吸空氣就能自由馳騁的車輛，不但再也不需要擔心能源危機，零汙染排放也讓地球直接搬出加護病房，Toyota期許這樣的願景能夠真的實現，推出了Mirai（未來）氫燃料電池汽車。三分鐘完成加氣動作、續航力達700公里，也沒有後續電池回收處理的困擾，整個海放電動車……嗎？

　　Toyota Mirai風光問世、沐浴在高度關注與討論的氛圍中卻被Tesla 澆了冰桶等級的一大缸水，Elon Musk接受採訪時非常直白的指出氫燃料電池傻傻的（Extremely silly）。競爭對手難免有點文人相輕的嫌疑，偏偏他說的也算沒錯。生成氫氣的方法目前有電解水跟甲烷製氫兩種方法，前者嘛效率極差，轉換率只有25%；後者效率只有好一點點卻會生成一氧化碳，想利用燃燒消除一氧化碳馬上就生出千千萬萬二氧化碳，說好的環保呢？

　　製造、壓縮、運輸到愛車中的這三個環節都逐步浪費一些，新能源車最浪費的就您了！電動車目前的顧慮之一就是找不到充電站，加氫站礙於氫氣本身有夠活潑、需要高壓液態儲存，建造材料與技術成本比充電站高出好幾倍。成本高、技術仍不成熟的狀況下，當然就反映在大家最在乎的售價上面啦！六萬美元簡直是助攻Tesla。

　　另一項永續能源「太陽能」，也是各大車廠亟欲染指的對象。太陽能發電的技術挑戰是轉換率有限，表面積不足就無法產生足夠電力；加上梅雨季節跟北部冬日奢侈罕見的陽光。雖然義大利Sono Motor開發出太陽能汽車Sion後，荷蘭Lightyear也不讓其專美於前，推出號稱可續航400至800公里的Lightyear One，但離量產都是遙遙無期。

　　雖然結論看起來還有很長的路要走，很多的問題要克服，不過二十年前誰想得到電動車零百加速可以讓超跑看不到車尾燈呢？

H₂
氫氣

氫氣箱
Hydrogen Tank

電池 Battery

HYDROGEN

# 082 開車戴墨鏡很危險？

您的汽車置物櫃裡也有常備一副太陽眼鏡吧？
可能要確認一下它是否真的合適！

帥氣遮陽又能夠營造神秘氣質的墨鏡，是許多人車上的基本配備，不過有些誤會還是要澄清一下，不然墨鏡可是會扯您後腿的。

1.據說雨天戴墨鏡會看得比較清楚？

坊間流傳一種說法，雨天視線不佳時，趕快拿出墨鏡戴上就能豁然開朗。這種說法的正確性必須建立在「太陽超大、光線超強」這個前提下，午後雷陣雨的淚滴跟珍珠一樣大、水量又像黃河氾濫一發不可收拾，就算雨刷全速前進，前擋還是一片柔焦，這是因為大量的雨滴在擋風玻璃上開折射派對，戴上墨鏡後可以過濾多數的折射光線，視線自然也就不會搞得您好亂。但是如果是陰雨天（晚上更不用說）的情況就把墨鏡收起來吧！昏暗的視線已經讓能見度驟減，戴上墨鏡只剩心眼看得到而已。

2.墨鏡愈黑愈好？

墨鏡抗紫外線的效果跟隔熱膜有異曲同工之妙，並不是顏色愈深效果就愈好，而是取決於鏡片鍍膜的品質。再者，顏色過深的鏡片會加重眼睛的疲勞，長時間配戴駕駛也很危險。

除了顏色過深的鏡片以外，太過前衛的橘色、綠色、藍色或粉色鏡片也不建議開車的時候配戴。顏色過深的鏡片會降低眼睛的感光度，造成速度感誤判，反應力、判斷力也會跟著下降；顏色太繽紛的鏡片可能導致景象失真、號誌判斷錯誤等等，最重要的是防護的效果也不好。

筆者個人覺得墨鏡跟鞋子一樣，其實都是兼具時尚與功能性的生活必需品，為了健康投資一副高品質的墨鏡相當值得。選購一款品質好的偏光鏡片可以有效過濾強光、眩光跟四面八方暗算您的反射、折射光線，簡而言之，是個真材實料的好隊友。

# 汽油會不會爆炸？

電影上只要看到滴油接著就一定會爆炸，
我們每天都是開著汽油彈出門嗎？

常看好萊塢動作片的讀者對於以下畫面一定不陌生：射擊油箱爆炸、油箱漏油點火柴爆炸、汽車墜入山谷爆炸等等。每輛車都像內建C4炸彈一樣想怎麼炸就怎麼炸，那我們每天開著一輛未爆彈出門不會太刺激了一點嗎？不過真正的問題是，油箱真的那麼容易引爆嗎？

筆者搜尋後發現，除了知名無炸不歡節目「流言終結者」之外，不乏親身實驗的影片可以欣賞（是說您們這樣地球不會哭嗎？），以下就兩種材質的油箱實驗過程重點摘錄，速速做結論給大家吧！

1.樹脂油箱：油箱裡裝載大約1／3的汽油之後將他翻覆後在上面澆汽油，模擬翻車時油箱破裂的狀態。點燃之後火勢迅速蔓延，轉眼間油箱已經被燒熔，漏出的汽車持續燃燒，接著就……就燒完了。

2.金屬油箱：因為燒不熔的特性，油箱內燃燒的壓力頻頻將火舌從加油口噴出，戲劇效果十足，實驗貌似要走向不同的結果時……它也就接著燒完了。

電影裡面都是騙人的，根本沒有爆炸嘛！是這樣子的，炸彈似乎必須符合「密閉空間」這個條件才有足夠的壓力累積跟崩潰。樹脂油箱因為熔化，整個結構開門見山的跟空氣打招呼；金屬油箱他本人雖然不怕燒，但加油口跟其他易燃部位一失守，自然也沒有密閉空間了。換句話說，油箱的設計本來就排除了爆炸的機會。

BUT！就算不會爆炸，燒起來還是一件不得了的事情啊！二〇一七年一則發生在巴基斯坦中部的油罐車翻覆事故，吸引貧困的民眾爭相前往搶油，而其中一個人不知道哪來的靈感決定點煙，現場立刻燒成一大顆火球（是的，依然沒有爆炸）造成一百五十三人不幸身亡。知道愛車沒有瘋狂的自爆技能固然令人稍事安心，但這個精密機械畢竟是工業產物，還是抱持敬畏的心，凡事謹慎吧！

# 084 準備一組自救工具在車上

行車一定有風險，駕駛速度有快有慢，
上路前應備妥自救工具組。

　　雖然在地狹人稠的臺灣生活機能有夠方便，出門買個便當都可能經過兩、三間修車廠，但是長假旅遊難免會去渺無人煙的地方觀星玩沙等幽浮，這時候人一定要靠自己。

　　1.備胎：雖然現在很多人傾向使用補胎劑，但是補胎劑品質參差不齊、爆胎嚴重性又無從預料，備胎還是比較可靠一點。別忘了要定期檢查胎壓喔！

　　2.千斤頂：換輪胎的覺悟都做好了，輔助的工具當然也要備好。新車通常都會附送一套原廠的換胎工具，記得上路前先確認功能都完好，避免到時候袖子都捲好了，車卻抬不起來。

　　3.工具包：必備的扳手、鉗子長得不高調，沒有他們還真的是什麼都別想修。一般配備贈送的工具箱都偏基本款，如果找得到專業的維修工具箱是最保險的，畢竟現在車廠創意無限，出現五角形、六角形、梅花、星星狀的螺栓螺帽可不是一般工具箱能越級打的怪。

　　4.三角警示牌：拋錨的地點跟麥當勞炸雞部位一樣，都不是自己可以選擇的。在路上／邊故障時拿出三角警示牌提醒來車前方有狀況，避免追撞事故。放置的距離要夠遠，至少離車後50公尺遠，高速公路則拉長至150公尺（夜間距離建議要再多一倍）。

　　5.手電筒：汽車下方或內部結構錯綜複雜，沒有手電筒照明基本上都長得像剪影一樣。不需要選購非常高階的產品，選擇可以自充電的產品，就不怕臨時沒電或是電池液流光光。

　　6.膠帶：零件鬆動、破損，電線絕緣都可以用膠帶先hold住，暫時穩定現況撐到救援地點。

　　7.急救包：紗布、消毒水跟繃帶等急救用品也是有備無患。此外暈車藥、腸胃藥、萬金油之類的常備藥派上用場時也是無比珍貴。

　　8.滅火器：發生意外自燃時，如果有滅火器肯定能大大增加乘客獲救的機會，溫馨提醒注意保存期限。

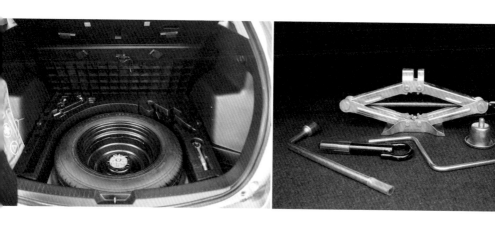

# AEB實用嗎？

只是看個導航，誰想到前面的車會突然減速或停車……，
真希望車子自己會煞車。

為了掏空消費者的荷包……不是，為了讓行車安全日趨完美，汽車工業持續開發不斷創新、提供車主依需求喜好額外增加選配內容。不過多數時間我們都空有錢包卻沒有錢，反正我開車專心就好，真的有必要多花這筆錢嗎？

AEB（Automatic Emergency Braking），也就是自動緊急煞車系統的存在，是為了減少追尾前車的意外事故，車頭攝影機及感測器測量前方物體距離，系統收集、計算後推論車速是否太快，發現車頭貌似想跟前車屁股熱吻時，會先透過警示音或震動方向盤勸勸駕駛踩個煞車冷靜一點。如果駕駛還是執迷不悟沒做出任何動作，系統研判等駕駛發現也來不及了，就會先出手自動煞車。

「咦？這表示只要有AEB我就不用管前方路況、可以邊上路邊看Netflix玩手遊了！」抱持這種心態開車就真的「安心上路」了。 這邊簡略分享一下BBC節目「Fifth Gear（汽車大排檔）」的實驗結果：

1.第一輪是前方物體靜止的狀態：時速45公里時，Volvo V40在相當近、有夠精算的距離下順利煞車；Mercedes S350則是逐漸逼近前方物體，然後就撞上去了，根據專家表示，Mercedes的AEB系統在過去實驗中顯示，只有在時速24公里內有效。但先別急著做出Mercedes沒用的結論，讓我們先看下去吧！

2.第二輪的實驗是移動防撞測驗，模擬駕駛沒有注意到前方車輛忽然減速的狀態：時速80公里下都過關，88公里時Mercedes還是撞上去了，Volvo即時煞住。96公里時Volvo終於失守，但是適時減速還是減少了不少傷害。

實驗的結果表示AEB並不實用嗎？平心而論，所謂的安全系統都應該是「輔助」作用，如果將所有肇事原因都歸咎於這些系統辦事不力，恐怕有點本末倒置啊！就個人的淺見，AEB適用時機其實都還滿符合真實狀況，例如：找門牌、喬導航時沒注意到前方（這時時速肯定不會太快）。AEB不可能取代駕駛的功能，只是多一份保險。

# 碰到刺眼遠光燈怎麼辦？

除了球棒以外，還有什麼辦法處理滿街亂開的遠光燈？

「這筆者真的跟遠光燈有仇耶！」是的，遠光燈又出現了，雖然我不否認我們之間的私人恩怨，追根究底還是為了大家的行車安全啊！所以，遇到執迷不悟的遠燈信徒該怎麼應對呢？

對向來車：

1.避免視線接觸：害羞的瞳孔一遇到強光就會卯起來閉關，完全不看時間場合，為了避免這種傲嬌的麻煩事，要儘量避免注視遠光燈，稍稍緩解瞬間的眼盲、為瞳孔多爭取一點適應時間。

2.溫馨提醒：雖然亂開遠光燈擾人又危險，但有些時候對方可能壓根沒意識到自己正鑄下大錯，所以千萬別急著一起開遠燈互相傷害，大家都沒佔到上風啊！輕輕的閃個兩下遠燈提醒對方先。

3.放棄戰場：基本上是沒有鼓吹大家面對所有事情都秉持溫良恭儉讓的精神，但畢竟駕駛本來就充滿風險，加上今天來車如果是SUV或大貨卡，這燈光刺眼簡直i Max等級，與其強忍不適，不如就先開雙閃燈緩慢安全的路邊停車，等對方離開視線範圍之後再回車道上。

後方來車：

1.防眩目後視鏡：這不是業配（如果是就好了），但之前章節已經簡述過的防眩目後視鏡可以有效解決這個難題。

2.還其人之道：網路上有個以暴制暴的小撇步，在後擋風玻璃上放置一面鏡子，由於近燈向地面照不會造成反射，只有開遠燈的駕駛才會接收到強光反擊拳。雖然這做法應該能有效強制後車關遠燈，目前也無法可管，但是這種可能造成他人危險或導致對方尋仇的方法還是不建議。

3.先嚇嚇他：這個網路偏方更有創意，鏡面反射太危險，那我放張Annabelle或鬼修女的照片，如果他不想沿路都被嚇就會關掉遠燈了吧！為避免心臟病或是投其所好，這方法也是建議看看就好。

4.讓行：不如就讓他先過吧！

# 汽車尺寸愈大愈高級？

「車的尺寸雖然有大小之分，但是質感，不應該有貴賤之別」。

　　接觸的車款愈多，許多人在賞車、選車時，常會出現類似的疑問，「ABCD是級別的分類嗎？」「車愈大等級就愈高？」其實國際間對於「高級與否」並沒有一致的標準，坊間常聽到的ABCD只是軸距大小的分類：

　　1.微型車（A00級車）：軸距在2000至2300mm之間、車長小於4000mm，通常具備體積小油耗低的優勢。代表車款：Smart Fortwo、Suzuki Alto。

　　2.小型車（A0級車）：軸距約在2300至2500mm之間、車長4000至4300mm，發動機排量稍大於A00級（1.0L至1.5L）之間，盡可能滿足小車卻不希望馬力太差的車主。代表車款：Mini cooper、Ford Festiva。

　　3.緊湊型（A級車）：軸距約在2500至2700mm之間、車長約在4200mm至4600mm間，發動機排量更是提升至2L。

　　4.中型車（B級車）：軸距約在2700至2900mm之間、車長約在4500mm至4900mm間，發動機排量可達2.4L。代表車款：BMW3系列。

　　5.中大型車（C級車）：軸距約在2800至3000mm之間、車長約在4800mm至5000mm間，發動機排量超過2.4L。代表車款：Mercedes Benz E Class。

　　6.大型車（D級車）：軸距超過3000mm、車長大於5000mm，發動機排量超過3L的重量級選手！代表車款：Rolls-Royce Phantom（勞斯萊斯幻影）。

　　為了讓大家明確感受這些車款身材的遞增，不得不誠實詳盡的出賣他們的三圍。眼尖的您也許會發現，等級愈往上好像真的愈貴耶！就上述內容來看似乎成立，但是這邊存在兩個盲點，第一，由於比較車款以各位觀眾選購的房車為基準，並沒有列入大卡車、貨車、遊覽車等（其實SUV也沒有），除了柯博文之外，應該不會有人覺得卡車特別高級吧？盲點二就是小型車的Mini cooper，小而美、小而悍的她可是一點也不廉價。

Roman Belogorodov / Shutterstock.com

Teddy Leung / Shutterstock.com

Grisha Bruev / Shutterstock.com

Yauhen_D / Shutterstock.com

Life In Pixels / Shutterstock.com

# 開車熱車、停車冷車？

「為引擎好，當然要熱車」vs.
「可是車主手冊說直接上路不要原地怠速」。

　　「熱車」這個觀念，大概要追溯至二十年前「化油器發動機」的時代，遙想當年，只要沒達到化油器滿意的溫度，他就會森七七不配合霧化稀釋燃油，供油系統被前面部門扯後腿不能好好地工作，導致發動機要轉不轉的，甚至還會熄火。所以，老一輩的司機都謹記著「別讓化油器不開心」的原則，固守「先熱車是我的溫柔」。

　　好的，讓我們將鏡頭切回二十一世紀的今天，電子控制噴油系統已經取代了化油器，為了霧化燃油而熱車的日子已經過去。不過！雖然發動機愈來愈精良又耐操，車子睡了一晚之後，變速箱引擎機油都沈到底部熟睡，適度的熱車可以協助將潤滑油帶到變速箱，運轉更順暢也大幅降低換檔卡卡的問題。

　　最大的重點來了！「不要」原地怠速熱車！原地怠速熱車不在「行駛的狀態」，並無法有效帶動油品潤滑，反而還會造成燃燒不完全積碳與空氣汙染。正確的熱車方法是：

　　1.發動後約30秒即可上路。

　　2.保持低速、2000轉。

　　3.等引擎上升至正常溫度，就完成了。

　　停車時要不要冷車這個問題，還真的要先問問施主您。開「早期」渦輪車的觀眾們，恭喜您們，要冷車的得獎者出爐了！過去渦輪因工作溫度相當高，有賴機油鞠躬盡瘁的散熱，如果一停車就直接熄火、機油幫浦打卡下班，機油自然沒有機會繼續安撫火爆的渦輪引擎，長久下來是會對渦輪葉片造成傷害的。

　　時間一樣快轉到今日，隨著渦輪小車愈來愈多，渦輪引擎製造技術突飛猛進，除非是剛跑完街道賽之類的激烈操駕，正常來說已經沒有額外冷車的必要。一般車款就更不用說了，所以為了地球跟愛車好，早早熄火避免積碳、減少碳排放量吧！

# 089 汽車照後鏡上的小鏡子

有些車上的照後鏡怎麼還多了一塊圓形的鏡子？
是子母畫面嗎？

這面黏在照後鏡上的鏡子可不是拿來裝飾或耍萌，小圓鏡也被稱為廣角鏡或盲點鏡，主要的功能是補足車身側面跟後輪看不見的死角盲區。常見的小鏡子有兩種形式：

1.360度旋轉款：看起來很萬能，可是因為本體太過3D，鏡面永遠是傾斜的，反而很難調整到需要的角度，也因此市佔率並不高。

2.扁平款：這個應該就很常見了，扁平輕巧又好貼。既然是平面，視角當然跟原本的照後鏡一樣，貼上就不需要（也無法）調整了。

小圓鏡的優點有：1.減少盲區，降低事故發生率。2.倒車更容易，後輪以往的盲區變得盡收眼底，連倒車入庫新手也瞬間信心大增。3.減少刮痕，既然能夠看到的車身角度都更全面了，「理論上」因為距離沒抓好而造成的烤漆傷害也會大幅降低。

明明有這些優點，很多人卻一樣興趣缺缺，車廠也從來不列入標配自然是有他的道理囉！

1.注意力轉移。很多人光是要看前方路況之餘，偶爾關心一下照後鏡都措手不及了，再加上一個小鏡子可能瞬間都忘記自己身在何處。

2.顏值降低。網路上許多聲浪認為這面小小的鏡子破壞了照後鏡的美觀，這點應該是見仁見智（我是覺得有點可愛），比起外觀的分數降低，下一個問題才是重傷害。

3.距離失真。小圓鏡有再多名稱都掩飾不了他是凸面鏡的事實，這個小小的哈哈鏡可能讓逼近您的車輛看起來遠在天邊，這個致命的缺點具有導致重大事故的隱患，因此一般其實並不建議加裝這片小鏡子。

OBJECTS IN MIRROR A
THAN THEY APPE

# 前方積水時衝不衝？

不過只是一灘水，車開進去不會怎麼樣吧？

　　颱風跟地震一樣，都是外國人嚇得花容失色，臺灣人卻覺得稀鬆平常的歡樂日常。明明放了假要民眾在家做好防颱準備，結果卻是大軍傾巢而出，電影院、卡拉OK、百貨公司處處人滿為患。先不論氣象局預估是否失準，在豪大雨之中駕車出門挑戰每一灘深不可測的積水區可是很虐車的。

　　1.深水區：這裏直接劇透下結論，遇到積水時就想辦法繞路吧！運氣不好，水深超過排氣管可是會讓愛車熄火GG，深過保險桿連車身都有機會進水，最嚴重的是，一旦車輛熄火還想死馬當活馬醫瘋狂啟動，發電機就會被二次傷害壞掉，保險公司可是不賠的喔！我知道有些人可能還是想一睹強運，二〇一七年屏東發現一輛神車Altis在水淹及膝的車（河？）道上義無反顧的前進，讓網友讚嘆水陸兩用的科技奇蹟。嘿嘿，這新聞我也有看到，但您看到後續報導了嗎？這輛車10秒後拋錨，租車的男大生要賠多少錢又是另一個故事了。

　　2.淺水區：淺淺的水窪也許不會暗算汽車零件，卻仍然會威脅您的安全；濕潤的路面大大降低輪胎與路面的摩擦力，突然就被迫上演衝浪情節。打滑的如果是前輪，此時務必緊握方向盤維持低速直行；如果是後輪轉向過度造成的打水漂，適度將方向盤轉到側滑的方向抵制慣性，同時隨時注意轉向，一旦有過度跡象就立刻打正方向盤。

　　3.小積水：這種積水對駕駛沒什麼影響、更造不成傷害，但為了營造敦親睦鄰的好形象，也請大家一定要減速慢行好嗎？這波瀟灑的水花一噴濺出去，旁邊的機車騎士以為雨勢突然變大、撐傘的行人問自己這把傘怎麼這麼沒用，然後紛紛對您投以熱切的悲憤視線，擁抱這些負能量也不好吧！

　　一般在買二手車的時候，最怕的除了事故車外，就是泡水車了。除了找有品質的二手車行與專家陪同外，也可以善用「聞一聞、翻一翻、摸一摸、聽一聽」原則，聞看看車內有沒有異味、翻開腳墊與橡膠覆蓋的地方看看有沒有汙泥或鏽痕、摸看看內裝是否鬆散沒裝好或電子按鍵有無異常、聽看看是否有異音等等，減低買到泡水車的風險。

# 091 當車子掉進水裡如何自救？

沒有魔術師的技巧該如何從滅頂的愛車中掙脫？
其實沒那麼難！

車子開進水裡乍聽是電影裡的特殊場面，但是稍微回顧一下社會新聞，這樣的意外每年時不時總會發生個幾次，天雨路滑車子失控、聽信導航讒言、地下道淹水滅頂等，若是不幸碰到這個狀況該怎麼辦？

1.報警：您認真的嗎？我都面臨生死存亡了，您叫我先打手機？其實落水之後大約會有30至120秒的時間還浮在水面上，先以最快的速度求救，然後在救援人員趕來的過程中自救，為自己爭取最多的獲救機會！

2.開門：好的，結束電話如果沒有意外的話，車門還沒有完全被水淹過、電路系統還沒有失靈，車門跟車窗都還打得開，那快逃啊！除非車上有老弱婦孺、行動不便的傷殘人士。車門一旦開啟，車內進水的速度就會瞬間狂飆，如果自己先行開門逃生的話，其他人獲救的機率就會降低的比進水速度還快了。

3.砸窗：根據消防局專家表示，當水壓從外壓住車門，門窗都無法開啟時，破窗逃生是最可行的辦法。安全玻璃要瞄準角落才有順利擊破的機會，有專業的破窗器當然最好，沒有的話，球棒、方向盤鎖等等，其實都沒有頭枕來的好用。正常狀況拿球棒破窗當然是得心應手，可是車內空間那麼小、加上水的阻力根本無法全力揮棒；這時可以取下頭枕，頭枕的妙用在於——它不是拿來敲的，而是將頭枕的金屬桿插入車窗縫隙，然後以槓桿原理施力，再嬌弱的人都可以順利秒殺車窗。現在還有一種產品是玻璃擊破器整合安全帶切割器的小工具，危急時可以直接切斷安全帶，擊破車窗，快速逃生。這個工具建議放在駕駛能快速取得的地方，而非副駕駛座的手套箱內。

4.「不要」在車裡等待：網路上流傳一種祕技，落水之後佛系逃生，等水淹滿車廂、內外壓力一致就可以輕鬆打開車門了！首先，達到這個平衡點的時間可能是一般人類憋氣時間的好幾倍，再來，到時候若車門還是打不開就尷尬了，所以儘早逃生才是上策。

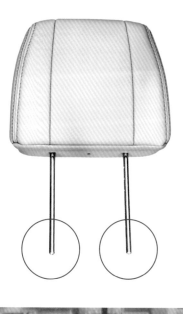

# 發動前先拍拍引擎蓋

無家可歸是一件無奈的事情，
請體諒傻傻行為的出發點只是為了尋求溫暖。

　　身為侍奉四位主子的資深貓奴，在這裡誠摯懇切的拜託大家，尤其在嚴寒冬天開車啟動前，也務必養成這個習慣！拍拍之餘最好是可以打開引擎蓋看看，這個舉手之勞可以避免無辜的小生命慘死。

　　臺灣現在處在一個夏天讓東南亞朋友熱到想逃離、冬天嚇到北歐人想回家的極端異常氣候，暖爐應該陸續開始步入大家的生活，可是街上的流浪汪喵星人並沒有這麼幸運，很多時候光是一個紙箱可能都尋遍不著，這時如果發現一輛殘留餘溫的金屬鐵盒，當然不假思索先鑽再說，開心的睡了一晚，大夢初醒發現這東西怎麼開始震動，沒有足夠時間反應逃出去，就發生憾事了。

　　也許您很討厭動物，我身邊也有覺得他們礙事的人：「貓自己不會閃喔！自己笨怪我嗎？」也或許您不想承擔「流浪動物追根究底也是人類的責任」這個共業。那至少為了自己的愛車著想，也請響應這個動作好嗎？

　　根據曾經處理慘案現場的維修人員表示，貓咪從發動機下護板的散熱空隙鑽進暖暖的發動機，發動機一旦啟動，後面請恕我簡單帶過，總之從皮帶、齒輪到氣門都壞了，加上其他更換零件，維修費用估計將近二十萬元。而這些生命跟財務的損失都是很容易預防的。

　　跟大家分享兩個比較輕鬆的動物遇上汽車的小故事：

　　1.英國一位男子放了長假跟女朋友到泰國旅遊避寒，等到回國後要開車上班時，覺得排檔怪怪的，進車廠維修時才發現，原來是松鼠將自己儲藏整個冬天的橡果全裝進車裡（副駕前置物箱打開時跟吃餃子老虎中獎一樣）。

　　2.大家哪天有機會到北極附近自駕旅遊時，請切記車門不能上鎖，這是為了讓遇到北極熊的人可以隨時尋求庇護。

# 加油精省油嗎？

有加有保佑，加了油精汽車變好省油好有力，
考試都考100分呢？

現代人為了補充健康，對於各種維他命補給品如數家珍；車界的瘋狂油品愛好者更是不遑多讓，一字排開貌似要販售的各種油精差點讓我脫口而出「您聽過安○嗎？」

關於油精到底必要與否，分成極端的兩派說法，跟女生愛吃的膠原蛋白情況滿像的。「我吃了真的有差！皮膚變年輕了！」「那個沒用啦！腸胃吸收後也只是變成氨基酸，膠原蛋白不是這樣合成的！」為了避免大家跳過後面文字，我先不下「省油嗎？」這個結論。

油精百百種，基本上分成兩大類：

1.汽油添加：具揮發性的油精與汽油混合後會一起進入汽缸燃燒、再隨著廢氣排出。主要功能是清潔、水拔、提升辛烷值。添加油精時要避開水氣以免造成變質，添加完後記得將汽油加滿，才能夠發揮實力喔！

2.潤滑油（機油）添加：這類油精的作用是抗磨損、填補縫隙，與機油混合後可以稍微緩解漏油的情況。最好在要更換機油時一起添加，先加油精再加機油（別急著一口氣整罐all in，拉出油尺看看油量在標準尺規內就夠了）。

油精擁護者的理由肯定是因為許多有益愛車的功效才站得住腳，這裡就簡單的整理一下吧：

1.積碳Bye-bye：定期添加含除碳劑油精，有助於保養清潔汽缸，讓引擎性能維持在較佳狀態。

2.油路順暢：家中水塔到自來水管線用久都要找專人清洗了，汽車供油系統裡的油垢積年累月下來也難免長得跟膽固醇血管一樣，具備油路清潔劑的油精可以達到活血化淤的功效。

3.防爆震：辛烷值提升劑，可以緩解不幸加到劣質油品產生的爆震。

回到主題，跟省油是「無關的」。油精的優點值得肯定，但畢竟還是屬於輔助、保養的性質，以正確觀念待車、有問題時還是尋求專業。

# 094 汽車靜電的危險
陰險的刺痛偷襲只是小case，靜電上車會帶來更大的傷害！

　　筆者在網路上看過一隻迷戀靜電的柴犬，時不時就會用窩裡的毛毯摩擦鼻子，集好氣以後靠近金屬椅子，然後就被電了。採訪的節目為了讓觀眾看到珍貴瞬間還特別採用能捕捉靜電的攝影機，當大家還在驚嘆真的有電流時，他又回去摩擦鼻子了。每逢冬天就讓筆者飽受酷刑想放棄毛衣的靜電竟然能找到這麼萌的真愛算他幸運。不過，靜電跟愛車絕對不能逾越界線，這種禁忌關係會出人命的。

　　忘了是哪個地區的社會新聞，當時又乾又冷，車主進加油站時可能先拉了衣服還是摸過頭髮之後直接拿起油槍，下一秒油箱口就火光四射。靜電的電流雖然不起眼，在充滿易燃揮發氣體的加油站還是有機會擦槍走火。

　　但是不用太緊張，預防靜電其實一點也不難：

　　1.先放電：天氣乾冷時可能光是開個車門就能感受到門把帶來的酥麻，這時候可以先摸摸附近牆面或洗洗手，讓身上的帶電粒子透過指尖離開。

　　2.增加濕度：雖然臺灣多數時間都濕得很不清爽，但接連幾天無雨的寒流加上暖氣全程同行，車內的濕度相對是滿低的，這時候準備個加濕器可能就值得考慮。另外，隨車／身帶乳液、護手霜等保養品保持肌膚潤澤，也可以有效降低接觸金屬時產生的靜電。

　　3.化纖坐墊out！：小學的時候有一堂自然課是摩擦塑膠墊板，然後就可以將桌上的紙屑吸起來，由此可見這個材質根本是靜電的親信，還是從車上逐出吧！

　　4.鑰匙圈：市面上可以買得到一種除靜電的小裝置，直接設計成鑰匙圈販售，攜帶使用都很方便，摸一下就可以帶走靜電。

　　5.鯊魚鰭：之前曾經以整章篇幅介紹的鯊魚鰭，消除靜電就是它眾多超能力之一啊！

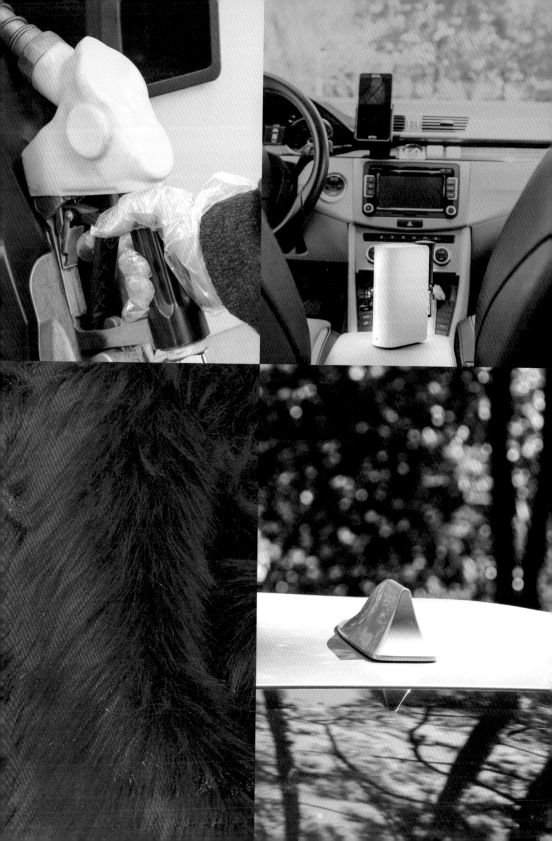

## 095 車加錯油怎麼辦？

黑心油、地溝油傷身體，那車喝錯油也會暴斃嗎？

　　二〇一七年臺中某一則新聞，賓利車主在加油站員工固定了油槍、開始加油時突然驚覺「您加95喔？！」員工一時傻住：「對啊！是95。」車主就爆氣了，不但開始大聲咆哮甚至還動手重重打了員工一巴掌，員工不疾不徐的拿起被打飛斷腿的眼鏡就去報警了。究竟加錯油對汽車可能造成多大的危害？當下又該怎麼處理？這裡先做個刪去法，動手打人絕對不是辦法喔！

　　1.92加成95，95加成98：這三種油品的差別就是辛烷值，誤加了較高階的油品，基本上就是浪費錢但是又不會達到比較好的抗爆震效果（車子先天體質不同嘛），如果是在油箱見底的狀態加了較高階油（油品幾乎沒混搭）大家都是汽油不要分那麼細啦，默默把這桶開完其實不會出事。但若是原先還有半桶92在裡面，這時候建議開到最近的維修廠放掉，然後洗洗油路，否則日後行駛容易一下有力一下沒力。

　　2.98加成95，高階加成低階：故事的主角就是這個情況。做個粗糙的比喻，這情況就有點像是不給健身選手攝取他需要的高品質蛋白質，車輛會有動力不足、油耗大增等症頭，雖然不至於危及發動機的生命安全，建議還是清理油箱跟油路。

　　3.汽油加成柴油，柴油加成汽油：雖然兩者產生的問題不一樣，但因為處理方式基本上一致就寫在一起了。「不要」發動引擎！什麼動作都別做，別讓油有任何竄入的機會，直接找救援車將他拖到維修廠。汽油加成柴油會讓車身產生詭異的顫抖跟黑煙，多數情況可能根本無法發動；柴油加成汽油一開始貌似正常發動，接著引擎就會開始鬼叫、動力下降。簡而言之就是，都會大壞大修花大錢。

　　加油幾乎是愛車養護最稀鬆平常的一件事，卻一樣不能掉以輕心呢！

# 二行程/四行程

同樣都是引擎，為什麼二行程會被禁足？

在老爸（爸爸曝光率好高，沒辦法，故事就是要從生活中擷取）怨嘆他的三十五年偉士牌要因為禁止二行程再也不能出門散步之前，我還真沒關心過自己的小綿羊是二行程還四行程。

其實過去的章節曾經解釋過四行程的工作原理，這邊簡單回顧一下：

1. 進氣：進氣閥打開、將燃油空氣混合吸進汽缸內。
2. 壓縮：進氣閥關閉、活塞往上壓縮空氣。
3. 點火：氣體燃燒爆炸推動活塞（動力來源）。
4. 排氣：排氣閥打開，排除燃燒後廢氣。

一個循環由四個步驟組成，所以稱為四行程，以此類推，二行程就是一個循環裡只有做兩件事：

1. 箱內吸入混合氣體的當下同時壓縮空氣（上行）。
2. 點火爆炸，將活塞往下推動，排出燃燒廢氣的同時也壓縮從旁進入的空氣（下行）。

構造相對簡單輕巧的二行程引擎所需要的零件比四行程精簡許多，產生的動力卻高出不少，但因為排氣進氣同時進行，也可能排出燃燒未完全的氣體，不但造成多餘燃料消耗，也汙染空氣。立法院於二〇一八年初審通過的行政院版「空氣汙染防制法」草案第四十條規定「各級主管機關得視空氣品質需求及汙染特性，因地制宜劃設空氣品質維護區，違規進入空品區汽機車處五百元以上、六萬元以下罰鍰。」

消息一出引發各界譁然，這幾年來積極聲援二行程機車族權益的「北區反禁二行程聯盟成員」表示政府公開違憲，罔顧奉公守法依規定納稅的二行程機車族，同時也指出排放廢氣的汙染程度與保養是否得當關聯較大，疏於保養的四行程可能較二行程更烏賊，加上二行程機車停產後年年自然淘汰，製造PM2.5的比例低於1%以下，「為什麼不罰工業大廠，先找小老百姓開刀？」引起爭議。

# 二行程引擎

# 四行程引擎

進氣　　　　　　　　壓縮　　　　　　　　點火　　　　　　　　排氣

# 車子自燃的原因

097

汽車自燃可不是只會發生在車王或老車上……

　　汽車在沒發生任何意外、甚至根本沒發動狀態下自燃的事件實在不算少，如果只是個案也許是車主個人問題，發生次數這麼頻繁肯定是有全天下車主都會犯下的錯誤。

　　1.漏電：發動機中的點火線圈因為長時間處於高溫工作狀態，可能導致絕緣材質老化、破裂。少了絕緣層的約束，失控亂竄的高壓電不斷在漏電處累積高溫，某天跟發動機或是化油器洩漏的汽油不期而遇、擦槍走火，就火燒車了。

　　2.漏油：好萊塢電影常看到主角——用槍打爆油箱導致漏油，然後再補一槍讓車子爆炸。雖然我們前面章節已經澄清過車子不會爆炸，沒事應該也不會有人拿槍追著各位跑，但是漏油加上輪胎磨擦起火也會出事啊！

　　3.搭鐵不良：首先先說說什麼是搭鐵，大家都在家中電器看過接地線吧？汽車搭鐵線的功能很類似，藉由連接車體（所以叫搭鐵）減少車上林林總總一大堆電線產生的電阻。而車主在改裝、增購新裝備時要是疏忽而搭鐵不良就可能造成間歇性斷路，電流突然不知道何去何從，跑到離合器踏板就蹦出新火花。

　　4.電器失效短路：泡水車最讓人擔憂的地方就是故障的電路，乍看金玉其外實則敗絮其中，短路的發動機過熱起火指日可待。

　　5.潤滑油：發動機少了油品降溫潤滑，機件磨擦溫度過高時就像個蓄勢待發的打火石。

　　6.危險物品留車上：才六月就已經40度高溫天天連發的氣候，要是整個夏天都把易揮發的打火機放在車上是有點驚驚啊！國外還曾經發生過手機放在駕駛座前擋風玻璃下，結果沒多久手機突然自燃的案例，所以建議各位電子產品儘量不要直接放在擋風玻璃下給太陽曬，另外像是水瓶與老花眼鏡也要記得收好。

　　有些自燃意外似乎跟車輛設計不當有關，但養成好習慣、定期保養還是車主自保的責任。

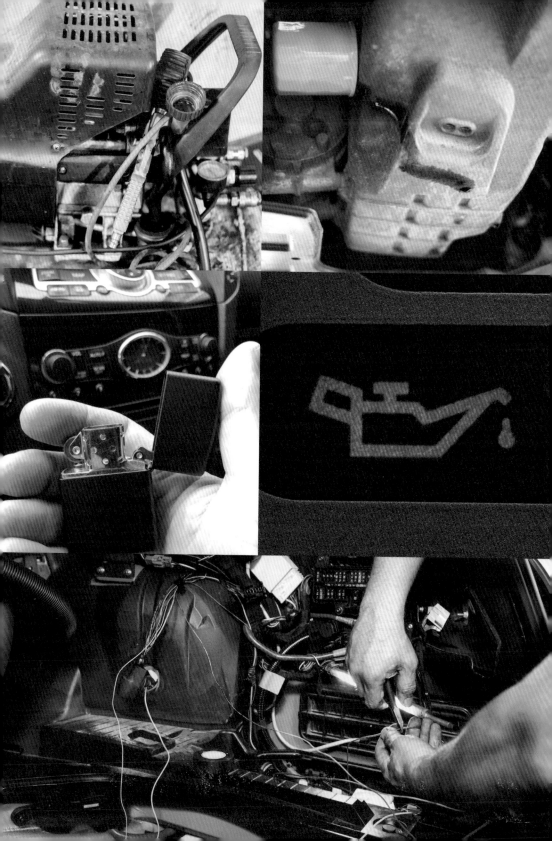

## 098 潛在的烤漆殺手

明明有在打蠟，怎麼烤漆過沒多久已經黯淡無光坑坑巴巴？

在「放車庫的車子比較長壽？」這篇我們已經提到幾個傷害烤漆的刺客，殊不知那只是第一波，這篇是完整導演版喔！

1.鳥糞：酸性鳥便便放著不處理，時間一長，輕則患處顏色暗沉，重則直接凹一個小洞。但清理的過程要迅速且輕柔，避免堅硬便便造成二次傷害，用濕紙巾（不夠濕再另外加水）厚敷軟化以後再移除。

2.樹脂：貌似忠良的植物系殺手比便便還難纏，不但有毒還黏到無法擦拭，得尋求專業汽車美容配合事先保護蠟才能全身而退。

3.紫外線：愛車也有專用的紫外線吸收劑，但跟防曬乳需要補擦（或擦了一樣會曬黑）的道理一樣，只能稍微延緩UV傷害，有恃無恐的放給他曬，保護層瓦解之後下一個就是底漆。

4.水：還沒說到酸雨喔，只是純粹的水。無論是清晨露水、洗車沒擦乾的水、跑者經過灑下的汗水在車上形成好幾顆小小的凸透鏡，搭配紫外線服用，愛車的雀斑就長出來了！

5.酸雨：小時候老爸幾乎每次洗完車都下雨，除了佩服他料事如神之外，一直不懂有啥好懊惱的「反正都是水啊？」後來才明白我有多天真，酸雨不洗掉，烤漆就掉漆。

6.神風特攻隊：小時候看異形利用強酸血腐蝕牢籠逃脫真是嚇得我一夜長大，車上壯烈犧牲的昆蟲們的體液也有一點侵蝕性、而且強悍到需要高壓水柱才沖得掉。

7.汽油：我至今還是很不解，明明油槍偵測到滿油應該就會停下來，加到滿出來的店員究竟跟我有什麼過節？汽油流到車上時第一件事不是抓店員衣領，要快快擦掉，以免殘留變成胎記。

8.新馬路：剛鋪好的路平滑黑亮很吸引人去跑跑對吧！劈裡啪啦的聲音一上來就心碎眼神死。熱情的瀝青一旦瞬間降溫在愛車上就甩不掉了，請找專業店家協助擺脫這個恐怖情人。

# 洗車也能傷害您的車

小時候看哆啦A夢總是有一件事情讓我想不透，
靜香一直洗澡不會脫皮嗎？

還記得之前章節題到的「潛在的烤漆殺手」嗎？其實我們留了一手在這裡，隱藏的大魔王就是幫愛車洗香香的在座各位啊！車總是要洗，不過要是犯了以下錯誤可是會愈洗愈糟的。

1.烈日下洗車：大太陽底下洗車馬上就乾了不是很方便嗎？這一顆顆晶瑩剔透的水珠就像國中生最愛玩的凸透鏡，愛車的烤漆就是可憐的螞蟻或其他昆蟲。此外，快速曬乾的水痕也會在車上留下一道道疤痕，明明是希望愛車光可鑑人卻搞得一身傷。

2.剛跑完就洗車：金屬熱脹冷縮的原理大家都懂的，那愛車引擎、排氣管等金屬機件還沈浸在熱血澎湃中就被冷水攻擊……是說《魔鬼終結者2》的那個大反派，T1000不就是這樣被收拾掉的嗎？

3.高壓水柱沖到底：「蝦米？自助洗車都是高壓水柱，您這是叫大家收起來不要營業了嗎？」各位洗車業者請不要急著肉搜我，小的想表達的是，高壓水柱在打濕汽車表面，達到初步清潔的效果相當好，幫助洗車達到事半功倍的效果，沒有它是不行的啊！but，若是拿高壓水柱定點沖擊單點汙垢就可能破壞烤漆。

4.一桶到底：「我知道不能依賴水柱，所以我都用水桶！」可是瑞凡，水髒了有換嗎？用一桶水就可以洗完整輛車感覺好省水好環保，可是前一波才洗下來的泥沙又被帶回車上，直接是拿砂紙暴力打磨的概念。

5.沙拉脫、洗衣粉好乾淨：廚房清潔劑跟洗衣粉為了帶走油垢、汗漬或是各種不知名的汙染源，清潔力確實都有夠可靠，不過就是太可靠了。鹼性清潔劑帶走了汙垢，過度的侵蝕卻也帶走烤漆的光澤。既然大家都會分門別類用洗面乳或沐浴乳了，也別虧待愛車，準備專用清潔劑吧！

6.溫柔呵護：最後提醒大家，即便使用海綿洗車，搓洗的過程也不要去想機車的客戶，太用力擦洗還是會讓泥沙咬進烤漆裡的。

# 汽車與打蠟

車是鐵打的、又上了烤漆為什麼還要打蠟？
上了蠟怎麼反而出現刮傷？

　　烤漆的作用基本上跟女性同胞們出門前必備的防曬品一樣重要、甚至功能更全面強大。車蠟這層防護膜能夠反射部分陽光、減少紫外線造成車漆老化變色。具撥水性的質地則能達成理想的防水作用，水珠酸雨不容易附著，造成的傷害侵蝕自然大幅降低。因此，打蠟是有他的道理存在。

　　打蠟注意事項：

1. 前置作業：在座各位遇到正式場合需要打扮前總是要先洗香香吧？上蠟過程中要是夾雜各種汙垢碎石，別說保護、根本是一層一層剝開您的烤漆了。

2. 環境：雖然無法要求大家都找個無塵室，但是如果旁邊在修馬路或是油漆粉刷作業，那跟您跑完一圈拉力賽回來直接打蠟的道理也差不多啊！另外，溫度過高會影響車蠟的品質與附著力，最好能在陰涼通風處進行。當然，車剛跑完引擎蓋還熱呼呼的時候也先等等吧！

3. 工具：打蠟用的海綿與纖維布必須慎選愛車專用的柔軟材質，有所汙損破損都可能暗藏細沙，舊了髒了就讓它們塵歸塵土歸土吧！

　　蠟的種類：

1. 保護蠟：簡而言之就是強力防水防油防鳥便便防曬乳，作為愛車烤漆延年益壽的保護膜。

2. 去汙蠟：老化的車漆可能呈現光澤黯淡、顏色泛黃的疲態，去汙劑可適度恢復烤漆的閃亮過往，兼具除鏽防汙的功能。

3. 亮光蠟：車展上的車都亮的跟Super model一樣，就是亮光蠟賦予的驚人妝容。市面上還有許多功能各異的抗靜電蠟、彩色蠟等，需要特別留意的一點是避免頻繁使用添加研磨劑的產品，過度拋光反而傷害烤漆。

　　一般而言四個月幫車子打一次蠟即可，但若是車輛停放在露天停車場等較惡劣的環境就必須增加頻率。

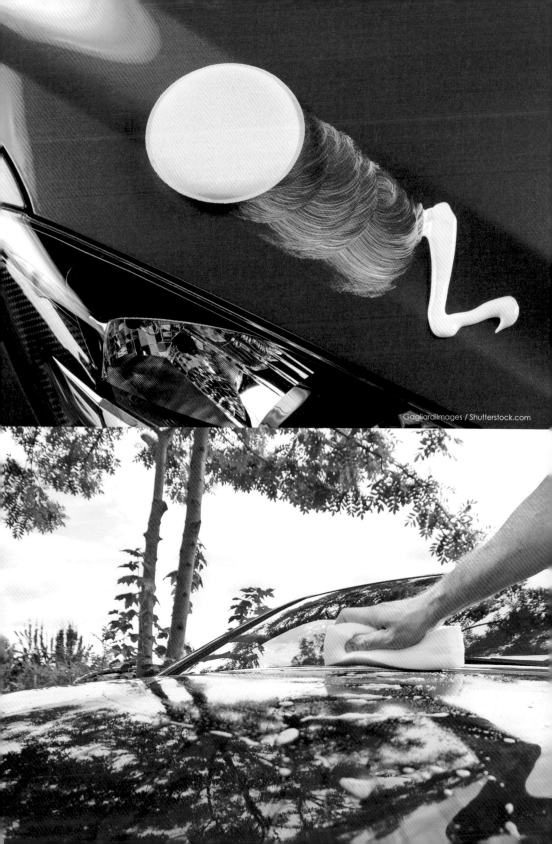

# 101 夢幻加長車

有些車的存在就跟食用金箔一樣，
重點不在美味實際，追求的就是浮誇。

　　稍微不切實際的擁抱極大的浪漫，認識一下奢華尊爵遙不可及的豪華加長禮車吧！就算再討厭英文還是強烈建議大家將加長型禮車的原文學起來，不但可以耍B還有小故事可以說說。「Limousine」這個字起源於法文的地名Limousin，當時流行將覆蓋裝飾當地特有紡織品的馬車稱為Limousin。能夠擁有這類馬車的人都雇用司機、同時還能負擔愛車的奢華裝飾，不難聯想他們的社經地位，後來Limousine就被拿來統稱豪華的加長型轎車。

　　以下來介紹幾款不浮誇不開出門的經典加長型豪華禮車！

　　1.加長型Ferrari 360：英國一間專門出租加長型婚禮車的公司委託Ferrari打造一台承襲跑車氣質的加長型禮車，碳纖維跑車座椅、近三個座位寬的鷗翼式的狂野禮車就誕生了。

　　2.Chevrolet Camaro Bumblebee Limousine：大黃蜂在電影《變形金剛》中聲名大噪之後，車廠可沒打算讓年輕人的尖叫聲停下來。這輛內建光纖網路、前衛玻璃觸控螢幕、音響及吧檯設備的加長型豪華大黃蜂應該是美國畢業舞會爭相搶租的車款。

　　3.Tank Limousine：如果您是硬派作風的熱血男兒，精緻典雅的豪華長型禮車讓您嗤之以鼻，也許這款車會改變您的想法。英國非軍事坦克出租公司Tanks-a-lot將一輛曾於柏林圍牆駐點的武裝載具改成配備SPA、霸氣舒適兼具的禮車。

　　4.American Dream Limousine：這輛好萊塢御用神駒只有離譜而已。三十公尺長的車身內有king size雙人床、游泳池、SPA區，車尾是直升機停機坪。

　　5.Cadillac「The Beast」：二〇一七年美國總統川普的專屬「野獸」，除了採用鋼鋁合金、鈦合金打造車殼，厚達八吋的後車車門可抵擋炸彈、火箭炮，直撥五角大廈的衛星電話、夜視攝影機等「基本配備」之外，車頭還可以噴射催淚瓦斯、車內備有供氧系統與緊急輸血系統等。

## 【附錄】

| 常見汽車種類與縮寫 | | |
|---|---|---|
| **名稱** | **縮寫** | **解釋** |
| Battery Electric Vehicle | BEV | 純電動車；電瓶車 |
| City Recreational Vehicle | CRV | 城市休旅車；<br>出自Honda車款CR－V |
| Crossover Sport Utility Vehicle | CUV | 跨界休旅車 |
| Electric Vehicle | EV | 電動車 |
| Fuel Cell Vehicle | FCV | 燃料電池車 |
| Fuel Cell Electric Vehicle | FCEV | 燃料電池電動車 |
| Grand Tourer | GT | 豪華旅行車 |
| Hybrid Electric Vehicle | HEV | 油電混合動力車 |
| Multi-Purpose Vehicle | MPV | 多功能休旅車 |
| Plug-in Electric Vehicle | PEV | 充電式電動車 |
| Plug-in Hybrid Electric Vehicle | PHV | 插電式混合動力車 |
| Recreation Vehicle | RV | 露營車；休旅車 |
| Small Recreation Vehicle | SRV | 小型休閒車 |
| Sport Utility Vehicle | SUV | 運動型休旅車 |
| Sport Utility Truck | SUT | 運動型貨卡車 |
| K-Car | | 輕型車 |

| 常見車輛系統 | | |
|---|---|---|
| **縮寫** | **全文** | **解釋** |
| **A** | | |
| ABC | Active Body Control | 主動車身控制系統 |
| ABS | Antilock Braking System | 防鎖死煞車系統 |
| ACC | Adaptive Cruise Control | 主動車距控制巡航系統 |
| A/C | Air Conditioning | 空調 |
| ACU | Airbag Control Unit | 安全氣囊系統控制單元 |
| ADC | Active Damping Control | 電子空氣控制懸掛系統 |
| ADS | Adaptive Damping System | 可調式避震系統 |
| AEB | Automatic Emergency Braking | 自動緊急煞車系統 |
| AFS | Adaptive Front Lighting System | 主動頭燈轉向照明系統 |
| AHR | Active Head Restraint | 主動式安全頭枕 |

| 縮寫 | 全文 | 解釋 |
|------|------|------|
| **A** | | |
| AI | AI Shift Control | 人工智慧換檔系統 |
| ALS | Automatic Leveling System | 自動車身平衡系統 |
| AMT | Automated Mechanical Transmission | 電子自動變速箱 |
| ASC | Active Stability Control | 動態穩定控制系統 |
| ASL | Automatic Shift Lock | 排檔自動鎖定裝置 |
| ASPS | Anti-Submarining Protection System | 防潛滑保護系統 |
| ASR | Anti-Skidding Restraint | 防滑系統 |
| ASM | Advanced Spectrum Management | 動態穩定系統 |
| ASR | Acceleration Slip Regulation | 驅動防滑系統 |
| ASS | Adaptive Seat System | 自動座椅系統 |
| AT | Automatic Transmission | 自動變速箱 |
| ATA | Anti-theft Alarm | 防盜警報系統 |
| ATF | Automatic Transmission Fluid | 自動變速器油 |
| AYC | Active Yaw Control | 主動偏行系統 |
| AWC | All Wheel Control | 全輪控制系統 |
| AWD | Full-time 4WD / All Wheel Drive | 全時四輪驅動系統 |
| **B** | | |
| BAS | Brake Assist System | 制動輔助系統 |
| BCM | Body Control Module | 車身控制模塊 |
| BLIS | Blind Spot Information System | 盲區監測系統 |
| BMBS | Blow-out Monitoring and Brake System | 爆胎監測與制動系統 |
| BOS | Brake Override System | 煞車優先系統 |
| **C** | | |
| CATS | Continuity Adjustable Tracing System | 連續調整循跡系統 |
| CBC | Cornering Brake Control | 彎道制動控制系統 |
| CCA | Cold Cranking Amperes | 冷啟動電流 |
| CCD | Continuously Controlled Damping | 連續控制阻尼系統 |
| CCS | Cruise Control System | 定速巡航系統 |
| CDC | Continuous Damping Control | 連續減震系統 |
| CTS | Coolant Temperature Sensor | 水溫感測器 |
| CVT | Continuously Variable Transmission | 無段變速箱 |

| 縮寫 | 全文 | 解釋 |
|---|---|---|
| **D** | | |
| DAS | Drive Authorization system | 行駛授權系統 |
| DATC | Digital Anti-Thief Control | 數位式防盜控制系統 |
| DBW | Drive by Wire | 電子油門 |
| DCT | Dual Clutch Transmission | 雙離合變速箱 |
| DHS | Dynamic Handling System | 動態操縱系統 |
| DLS | Differential Lock System | 差速器鎖定系統 |
| DPF | Diesel Particulate Filter | 柴油顆粒過濾器 |
| DRC | Dynamic Ride Control | 動態行駛性能控制 |
| DSA | Dynamic Stability Assistant system | 動態穩定輔助系統 |
| DSC | Dynamic Stability Control | 車身動態控制系統 |
| DSG | Direct Shift Gearbox | 直接換檔變速器 |
| DSP | Dynamic shift program | 動態換檔程序 |
| DSR | Downhill Speed Regulation | 下坡速度控制系統 |
| DSTC | Dynamic Stability Traction Control | 動態循跡穩定控制系統 |
| DTC | Dynamic Traction Control System | 動態牽引力控制系統 |
| **E** | | |
| EBA | Electronic Brake Assist | 緊急制動輔助系統 |
| EBD | Electrical Brake Distribution | 電子制動力分配系統 |
| ECT | Emission Control System | 電子控制自動變速器 |
| ECU | Engine Control Unit | 發動機控制器 |
| EGR | Exhaust Gas Recycle | 廢氣再循環系統 |
| EPS | Electrical Power Steering | 電動助力轉向系統 |
| ESC | Electronic Stability Control | 車身動態穩定系統 |
| ESP | Electronic Stability Program | 電子穩定程式 |
| ETS | Electronic Traction Support | 電子循跡支援系統 |
| **F** | | |
| FAP | Filtre a Particule | 粒子過濾裝置 |
| FAP | Fire protection system | 防火系統 |
| **G** | | |
| GPS | Global Position system | 全球導航系統 |
| **H** | | |
| HAC | Hill−start assist control | 坡道起步控制系統 |
| HBA | Hydraulic Brake Assist | 液壓煞車輔助系統 |

| 縮寫 | 全文 | 解釋 |
|------|------|------|
| **H** | | |
| HDC | Hill Descent Control | 坡道控制系統 |
| HUD | Heads Up Display | 頭數字顯示儀 |
| **I** | | |
| ISC | Idle Speed Control | 怠速控制系統 |
| **L** | | |
| LDW | Lane Departure Warning | 車道偏離警示系統 |
| LSD | Limited Slip Differential | 限滑差速器 |
| **M** | | |
| MIL | Malfunction Indicator Lamp | 故障指示燈 |
| MT | Manual Transmission | 自動變速器 |
| **O** | | |
| OBD | On Board Diagnostics | 車載診斷系統 |
| **P** | | |
| PDC | Parking Distance Control | 停車距離控制系統 |
| PPS | Progressive Power Steering | 電子控制液壓動力轉向系統 |
| **R** | | |
| RWD | Rear-Wheel Drive | 後輪驅動 |
| **S** | | |
| SLH | Self-Locking Hub | 自動鎖定車輪軸心 |
| SRS | Supplemental Restraint System | 輔助約束系統（安全氣囊） |
| **T** | | |
| TCS | Traction Control System | 循跡控制系統 |
| TPMS | Tire Pressure Monitoring System | 輪胎壓力監測系統 |
| TRC | Traction Control System | 循跡防滑控制系統 |
| TWC | Three Way Catalytic Converter | 三元催化轉換器 |
| **V** | | |
| VDC | Vehicle Dynamic Control | 車輛動態控制系統 |
| VIN | Vehicle Identification Number | 機動車身份條形碼 |
| VSA | Vehicle Stability Assist | 車身穩定輔助裝置 |
| VSC | Vehicle Stability Control | 汽車穩定控制系統 |
| 4WD | Four Wheel Drive | 四輪驅動 |
| 4WS | Four Wheel Steer | 四輪轉向系統 |

國家圖書館出版品預行編目資料

寶貝車寶貝：你的車就是這樣養壞的！101個必懂
的養車知識！/ Tasha 著 . -- 初版 . -- 臺中市：晨星，
2018.12
　　面；　公分 . -- ( 看懂一本通；007)
ISBN 978-986-443-539-5( 平裝 )

1. 汽車維修

447.164　　　　　　　　　　　　　107018972

看懂一本通 007

# 寶貝車寶貝
## 你的車就是這樣養壞的！
### 101個必懂的養車知識！

| | |
|---|---|
| 作者 | Tasha（熊編文創工作室） |
| 主編 | 李俊翰 |
| 責任編輯 | 陳佩如 |
| 審訂 | 黃秀英 |
| 美術設計 | 王志峯 |
| 封面設計 | 熊編文創工作室 |

| | |
|---|---|
| 創辦人 | 陳銘民 |
| 發行所 | 晨星出版有限公司 |
| | 台中市 407 工業區 30 路 1 號 |
| | TEL:(04)23595820　FAX:(04)23550581 |
| | E-mail:service@morningstar.com.tw |
| | http://www.morningstar.com.tw |
| | 行政院新聞局局版台業字第 2500 號 |
| 法律顧問 | 陳思成律師 |
| 初版 | 西元 2018 年 12 月 01 日 |

| | |
|---|---|
| 郵政劃撥 | 22326758（晨星出版有限公司） |
| 讀者服務 | （04）23595819 # 230 |
| 印刷 | 上好印刷股份有限公司 |

## 定價：350 元

（缺頁或破損的書，請寄回更換）

ISBN 978-986-443-539-5

Printed in Taiwan.

線上回函
加入晨星，即享『50 點購書金』
填寫心得，即享『50 點購書金』

407
台中市工業區 30 路 1 號

# 晨星出版有限公司

--------------- 請沿虛線摺下裝訂,謝謝! ---------------

## 更方便的購書方式

(1) 網　　　站:http://www.morningstar.com.tw

(2) 郵政劃撥　帳號:22326758
　　　　　　　戶名:晨星出版有限公司
　　　　　　　請於通信欄中文明欲購買之書名及數量

(3) 電話訂購:如為大量團購可直接撥客服專線洽詢

◎ 如需詳細書目上網查詢或來電索取。

◎ 客服專線:04-23595819#230　傳真:04-23597123

◎ 客戶信箱:service@morningstar.com.tw